21世纪全国本科院校土木建筑类创新型应用人才培养规划教材

景观设计

主　编　陈玲玲
副主编　琚宏昌
参　编　黄薇薇

内容简介

由于人们对建筑设计、场地设计、环境设计以及生活品质提出越来越高的要求，景观设计的应用也越来越广泛。本书是一本综合性较强的教材，系统地介绍了专业基础知识。本书的主要内容包括：景观设计基本理论、景观设计与构成、景观设计方法、景观设计表现方法、景观设计综合应用等，各章均选用当今国内外优秀的景观设计典型案例，以便学生能够较快地理解和掌握知识点。

本书内容丰富，理论联系实际，图文并茂，实用性强，可作为建筑学、城市规划、环境艺术、风景园林、旅游管理等相关专业的教材，也可作为从事相关专业工程技术人员的学习参考用书。

图书在版编目(CIP)数据

景观设计/陈玲玲主编．—北京：北京大学出版社，2012.1
(21世纪全国本科院校土木建筑类创新型应用人才培养规划教材)
ISBN 978-7-301-19891-9

Ⅰ．①景… Ⅱ．①陈… Ⅲ．①景观设计—高等学校—教材 Ⅳ．①TU986.2

中国版本图书馆 CIP 数据核字(2011)第252938号

书　　名：景观设计
著作责任者：陈玲玲　主编
策划编辑：卢　东　吴　迪
责任编辑：卢　东
标准书号：ISBN 978-7-301-19891-9/TU・0205
出 版 者：北京大学出版社
地　　址：北京市海淀区成府路 205 号　100871
网　　址：http://www.pup.cn　http://www.pup6.cn
电　　话：邮购部 62752015　发行部 62750672　编辑部 62750667　出版部 62754962
电子邮箱：pup_6@163.com
印 刷 者：北京大学印刷厂
发 行 者：北京大学出版社
经 销 者：新华书店
787mm×1092mm　16 开本　11.75印张　267 千字
2012 年1月第 1 版　2016 年1月第 2 次印刷
定　　价：49.00元

前　言

随着社会的快速发展，城市环境和景观越来越受到人们的关注，社会对景观设计领域的人才需求也逐渐增多。同时，随着我国建筑工程、景观工程等相关工程的大量进行，社会对高校相关专业学生的应用能力越来越重视，并提出了较高的要求。为此，高等教育已逐步由培养研究型人才向培养应用型人才和复合型人才转变，以适应经济和社会发展的需要。

本书以培养应用型人才为目标，从实用和易用的角度入手，用简洁易懂的文字，结合图片和实例讲解知识点，并通过关联知识的系统编排引领学生尽快进入专业设计领域。同时，针对学生的学习兴趣和特点，本书在编写时注重理论联系实际，并遵循课程教学规律，由浅入深，循序渐进，每章设定知识目标，并辅以思考题和练习题，让学生对基本概念、设计原理、设计方法、表现形式和综合应用有更深入的理解，从而使学生的知识得到巩固和加强。

本书第1、2、4、6章由陈玲玲编写，第3章由黄薇薇、陈玲玲编写，第5章由琚宏昌、陈玲玲编写。本书在编写过程中，参考和引用了有关作者的著作和图片；黄国安、曹灵智、黄昌柯、李以靠、姜磊、郭鑫、潘丽娟、黄薇薇等提供了很大帮助。在此，对他们一并表示衷心的感谢!

由于编者水平有限及编写时间仓促，书中不足之处在所难免，恳请广大读者批评指正。

编者

2011年10月

目 录

目　录

第1章 概论

知识目标

- 了解景观与景观设计的概念。
- 了解景观设计内容与景观设计师的工作内容和范围。
- 熟悉国内外景观形成的原因、各个发展阶段的代表作品，以及它们的空间布局和形式特点。

景观设计是一门综合自然科学、工程技术以及人文艺术的应用学科，它的许多设计理念都起源于古老的历史文明，因此，了解景观设计的发展过程是景观设计师进行景观规划、设计、管理的理论依据。

1.1 景观与景观设计的概念

景观是什么？景观设计是什么？从不同的观察和理解角度可以得出不同的定义。但不管哪种定义下的景观，它们都具有美的特征。景观设计的任务就是对自然的物质空间进行设计和改造，以达到美的效果。

1.1.1 景观的概念

关于景观 (Landscape) 以及景观设计的概念，在不同的历史阶段，人们给出了不同的描述，对它们的内涵也有着不同的理解。

景观的概念在不同的研究体系和学科中有着不同的定义。

1. 视觉美学意义上的概念

从视觉美学的角度理解，景观作为表现与再现的对象，往往等同于风景 (图 1.1)。“风景”是“景观”的原意，“景观”一词最早出现在希伯来文的《圣经》旧约全书中，用来描述所罗门皇城 (耶路撒冷) 的瑰丽景色。从这个意义上来说，景观一词表达的是一种美丽的风景画面，类似于英语中的“scenery”，都是视觉美学意义上的概念。

图1.1　英国Chatsworth House庄园景观

2. 地学意义上的概念

随着 14 ～ 16 世纪出现越来越多大规模的全球性旅行和探险，欧洲人对“景观”这一概念的理解发生了巨大的变化，它不仅仅只局限于视觉美学的意义，而是为这个概念赋予了一个更广泛的空间意义。文艺复兴之后，景观的概念被赋予“地学”的地理空间意义，即景观是一种地表景观，是环境中视觉空间的所有实体，也可以表述为总体环境的空间可见整体或地面可见景象的综合。比如高原景观 (图 1.2)、森林景观 (图 1.3)、水域景观 (图 1.4)、沙漠景观 (图 1.5) 等都属于地学意义上的景观。

图1.2　高原景观

图1.3　森林景观

图1.4 水域景观

图1.5 沙漠景观

3．生态系统意义上的概念

从这个层面上来讲，“景观”是指在地学意义上的“环境中视觉中的所有实体”基础之上研究其各部分实体之间的内在结构和功能的关系。景观的构成要素水体、地面铺装、植被等与生物、人的活动组成了一个相互作用的整体，这个整体是某一更高级的生态系统的一部分，形成一个有机联系的整体景观。这个整体更侧重人的参与性，更具有生态和人文景观的特质。比如滨水区域生态景观(图1.6)、居住区景观(图1.7)、布拉格广场(图1.8)等都具有这种特性。

图1.6 滨水区域生态景观

图1.7 居住区景观

图1.8 布拉格广场

1.1.2 景观设计的概念

景观设计(Landscape Architecture)是一门综合性、交叉性很强的学科，涉及建筑学、林学、农学、心理学、地理学、环境艺术、区域规划、旅游、历史等多方面的理论知识。

韦氏词典1979年版本将景观设计定义为“对一个地方的自然景观进行艺术的改变，从而产生引人入胜的理想效果”。由这个概念可以明确景观设计更多地体现了人为的创造因素，依据科学、人文与艺术等学科的原则，对土地及其上面的各种要素进行分析、规划、设计改造等活动，在自然环境和人工环境之间建立起均衡、和谐的关系。

1.2 景观设计的任务与景观从业人员的工作内容

景观设计自诞生以来使人类的生存环境发生了翻天覆地的变化，使人类从最初只能满足基本的生存条件到现在的物质环境和精神文明都得到进一步的提升，这些重要的变化和景观从业人员在景观设计中的活动分不开。他们在景观设计中的工作不仅改善了人们的生活环境，也促使人与自然之间能够和谐地长期共存和发展，为保护地球的生态平衡作出了重要的贡献。

1.2.1 景观设计的任务

从景观设计的概念可以看出其主要目标是将土地及其上面的各种要素(包括地形、植物、建筑、水体等)进行设计和改造从而形成景观。有学者按景观设计的任务和对象不同将其分为城市规划、居住区规划设计、城市公园设计、城市广场设计、商业步行街设计、滨水区域设计、旅游和休闲地设计等。劳瑞教授 (Laurie) 将景观设计的任务分为景观评估与规划、场地规划、详细景观设计和城市设计 4 个方面。但不管是哪种分法，景观设计都是指以土地为设计基础，以不同的尺度大小为研究对象，运用规划技术和法规，确定不同空间范围内的景观布局与组织。这个过程是从宏观到微观的过程。

1.2.2 景观从业人员的工作内容

景观设计的职业范围特点从总体上决定了景观设计是一项分工协作的团队工作。依照设计从业人员实践的侧重点不同可将其分为景观规划师、景观设计师、景观技工师或工程师和园林设计师等，此外，还有研究相关领域的景观科学家(表 1-1)。

表1-1 景观从业人员分类及工作对象和内容

景观从业人员分类	工作对象和内容
景观规划师	主要对城乡和滨水的土地进行空间布局、生态、风景和游憩方面的景观规划，其规划对象的尺度较大，包括区域景观评估与规划
景观设计师	设计各种类型和尺度的景观工程
景观技工师或工程师	主要从事景观的建造实践
景观科学家	利用土地科学、水文地理学、地形学、植物学等学科知识来解决实践中的具体景观问题，如场地的调查和生态评估等
园林设计师	历史园林的保护和新的私家园林的设计

从表 1-1 中可以看出，景观设计是一门综合多学科的应用型学科。其中景观设计师的主要任务是设计各种类型和尺度的景观工程，本书主要针对景观设计师的工作内容进行编排。景观设计师应该具有较强的专业知识，并且能够将相关学科专业比如生态学、环境艺术、植物学、建筑学等知识融会贯通，形成较强的科学分析和设计能力以及艺术的创造力和图形表达能力。

1.3 景观设计发展史

从景观设计的发展历程来看，最早的中西方园林景观只对皇室、贵族和达官贵人等少数人开放。随着时代的发展和社会的进步，国内外的园林等公共绿地景观场所发生了巨大的变革，即社会将园林、公园、绿地等这些优秀的景观向公众开放，景观成为了普通大众都能够享用和欣赏的真正意义上的公共空间。

1.3.1 中国景观发展史

一直以来中国景观的发展起源都备受争议，但是不可否认，中国的园林对中国景观的发展确实产生了一定的影响，纵观中国园林景观发展史，也经历了从兴起、发展到高潮的过程(表 1-2)。

表1-2 中国园林景观发展历程表

时代	时间	类型	特点	形式
远古	前3500前—500年	囿、狩猎园	自然园林、帝王专用	自然园
古代	前300—300年	宫苑	人工与自然结合	建筑与自然园结合
中古	265—589年	山水园	中庭、自然山水园	建筑与自然园结合
近古	581—907年	宫苑、私园	中庭园、建筑园、宅旁园	完整自然山水园
近世	1000—1900年	私园、山庄园	自然山水园达到顶峰，中西结合	综合山水园
近现代	1900—现在	各种类型	综合发展，多元化、高技术	多形式

1．起源

史书上记载的较早的“园”和“圃”只用于农业生产，还不能称为真正的园林。从有文史记载的商周的“囿”开始，便形成了最早有记载的人造景观。营造的“园囿”主要是为帝王享乐服务的。园囿不仅能够满足贵族们狩猎的需要，还增添了各种功能以满足他们游憩的需要。于是，在占地广阔的园囿中出现了模仿自然环境的池沼楼台，植物的栽植也开始有意识地进行，中国园林景观雏形基本形成。

2．发展

秦汉时期形成了中央集权的封建帝国，于是宏大的皇家园林开始成为建造的主流。秦王朝的疆域辽阔，国力鼎盛。秦始皇在渭水南岸兴建了上林苑以及众多的离宫、别馆，在上林苑中建造了宗庙、兴乐宫、信宫、甘泉前殿、阿房宫等。在中国古典园林的发展历史中秦始皇神仙境界的理念长时期制约着中国皇家园林的造园宗旨。

汉代在秦代上林苑的基础上予以重建，形成中国历史上最大的一座皇家园林。苑内植被丰富，动物品种繁多，并开凿了著名的太液池，在池中堆筑了三岛，“一池三山”形成了仙苑式皇家园林的楷模。

汉代覆灭，魏晋南北朝社会动荡，战乱不安。残酷的现实使人们更渴望拥有一份逃避现实的幽静。此时期孔子哲学“返璞归真”，诸教争鸣使整个社会环境变得宽松。思想和文化艺术的活跃与繁荣促进了园林发展趋于自然。私家园林开始兴起，皇家园林继续沿袭秦汉的风格，随着佛教的兴盛，寺观园林开始盛行并遍及全国。甘肃的敦煌莫高窟(图 1.9)，天水的麦积山石窟，山西大同的云冈石窟，河南洛阳的龙门石窟，都在这个时期诞生，成为世界珍贵的艺术遗产。

图1.9　敦煌莫高窟

3．高潮

魏、晋、南北朝经历了300多年的分裂，隋、唐两代中央集权的封建帝国促进了中国的经济、文化迅速发展，尤其是唐代，社会的繁荣昌盛已成为中国历史上空前的局面。唐代的建筑规模恢宏，具有高超的技术水平。唐代的植物栽培与园艺技术也有了长足的发展。社会繁荣，文化艺术高度发展的浓厚氛围必然促进园林的兴盛，中国古典园林至唐代达到了全盛时期。

隋、唐两代的皇家园林大多数集中在长安、洛阳两座京城之内。此时期的皇家园林分为大内御苑、行宫御苑和离宫御苑3种类型。其中西苑、大明宫(图1.10)属于大内御苑，九成宫属于行宫御苑，华清池为离宫御苑。

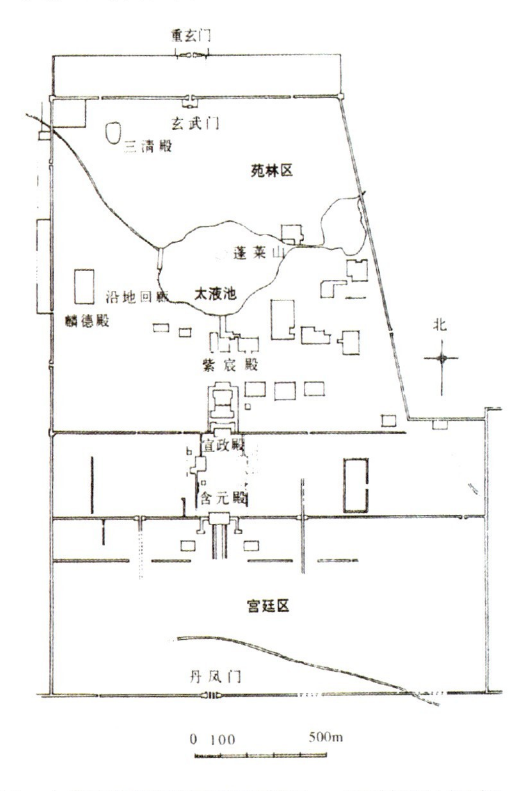

图1.10　大明宫复原平面图(石宏义，《园林设计初步》，2006)

唐代的私家园林已经非常普遍，此时期的私家园林包括城市的私家园林和郊野的别墅园，其中尤以长安城、洛阳城为最，皇亲贵族的园林豪华绮丽，文人官宦的园林清淡雅致。隋唐园林向平民化方向发展，出现了游春踏青、赏花泛舟、官民共赏的景象。城市的绿化，公共园林已初见端倪。

宋代的文人墨客广泛参与园林设计，园林意境的创造已不局限于私家园林、皇家园林，寺观园林已趋于同步，山水诗、山水画、山水园相互渗透，完全成为一个整体。皇家园林的垦月以及私家园林的独乐园、沧浪亭都是这个时期的典型代表。

明清两代，园林的美学思想日臻完善，中国古典园林发展到高潮的后期，此时造园技艺精湛，但其造园与建筑风格过分追求纤巧、细腻，因而出现繁琐与堆砌的感受。在这个时期皇家园林 (图 1.11) 以清代的圆明园、颐和园 (图 1.12) 和承德避暑山庄最为典型，私家园林以江南经济发达地区尤其是扬州、苏州为中国风景式园林艺术的精华，以明代拙政园 (图 1.13)、留园 (图 1.14)、寄畅园，清代的瘦西湖等为典型代表。此时也涌现出一批园林美学思想家及其著作，最有代表性的著作包括王世贞的《古今名园墅编》、计成的《园冶》。

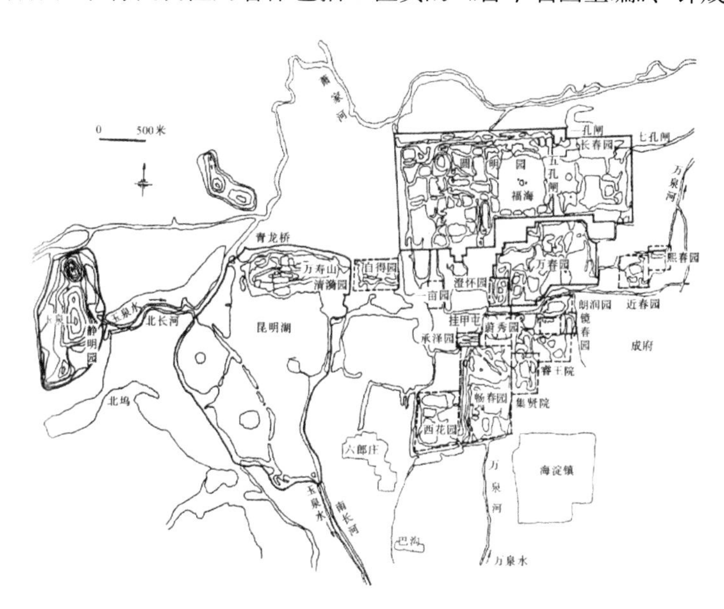

图1.11　北京清代苑囿分布图(潘谷西，《中国建筑史》(第5版)，2004)

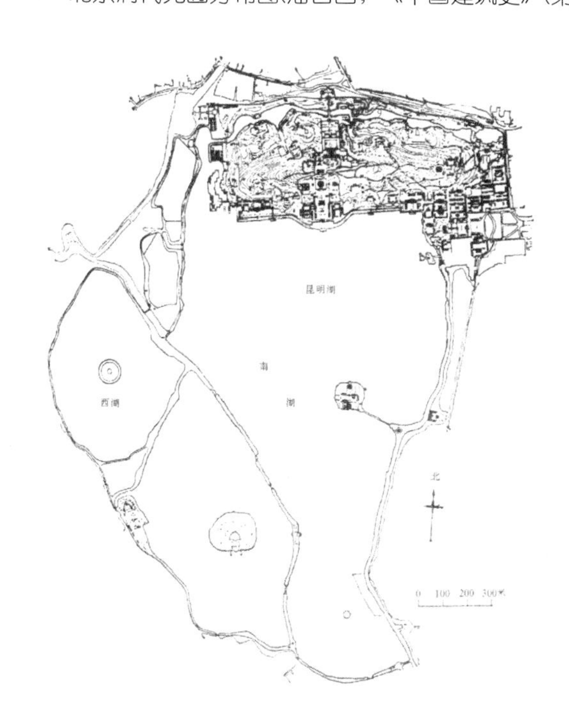

图1.12　北京清代颐和园总平面图(潘谷西，《中国建筑史》(第5版)，2004)

图1.13　拙政园

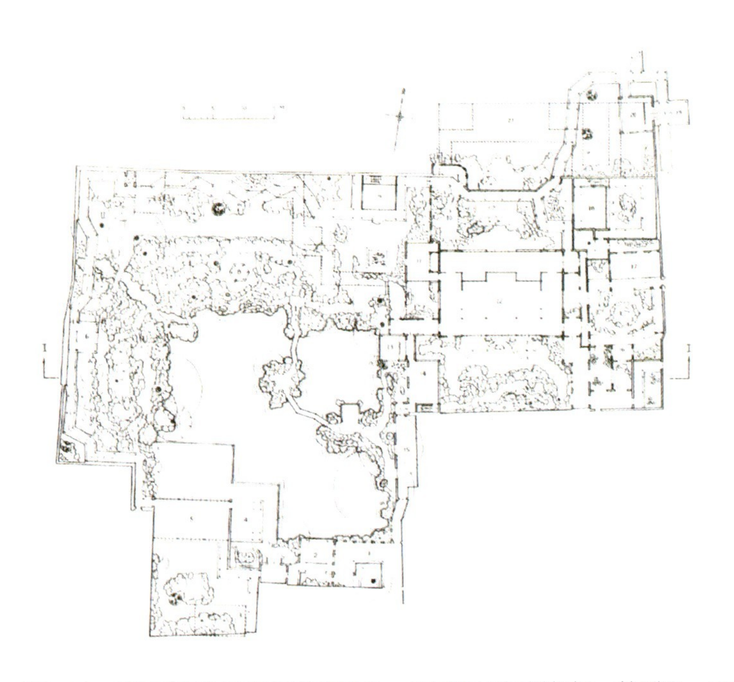

图1.14　苏州留园总平面图(刘敦桢，《中国古代建筑史》(第2版)，1984)

1.3.2　外国景观发展史

1. 早期园林景观

西方景观设计最早产生于古希腊和古罗马，古希腊和古罗马的景观设计为后来西方国家的景观设计奠定了基础。总体上说，欧洲等西方国家的景观设计，其发展不同于东方，原因在于审美习惯和审美趣味各异，其景观艺术设计的主要风格特点最初是多利用自然景物，极少用人工装饰。

古希腊文化孕育着欧洲文明，对于整个西方园林景观都产生了深远的影响。比如古希腊用祭神的庙宇(图 1.15) 装点花园；宫殿建筑群配有豪华的庭院；在强健体魄的竞技场进行绿化造林；为各类住宅修建形态变化的柱廊园；伴随公共建筑的兴起出现了供民众享用的公共园林；此外还有哲学家自辟讲学辩论的场所“文人园”，从中可以看出古希腊造园的兴盛。在这一时期由于数学和几何学的发展，造园艺术受到了较深的影响，此时的园林景观表现出较规则的布局。古希腊的园林景观虽然形式比较简单，但是类型已经很多样化了。

图1.15 帕提农神庙

古罗马征服了古希腊而继承了古希腊的文化，古罗马园林艺术是古希腊的延续，并发展出极具特色的庄园。庄园多坐落于郊区，古罗马的地形又多呈山地，因此园林布局多为台地状。其中哈德良山庄(图 1.16)、托斯卡纳庄园是典型的规则式的园林。古罗马的园林重视植物的栽培，多用低矮的灌木修剪成各种几何图案，形成早期西方规则式园林的基础。此时古希腊、古罗马的柱式也成为西方古典建筑艺术的艺术精华。

图1.16 哈德良山庄

2. 中期园林景观

西方园林景观中期主要指“中世纪”时期，即从 5 世纪罗马帝国的瓦解到 14 世纪文艺复兴时代开始前这一段时期。中期西方园林发展历时 1000 年，主要分为两个阶段，一是以意大利为中心发展起来的寺院庭院景观时期，第二是城堡庭院景观时期。

中期的园林景观特征都比较朴素和实用。寺院庭院多由建筑围绕形成中庭，建筑用柱廊形成廊院，中心位置通常是水池或喷泉，形成景观视觉中心。城堡庭院一般面积较小，布局简单，主要配置有植物、草皮、凉亭、花架等，其中植物的栽植在创造丰富的庭院景色方面起到了重要的作用。

3. 高潮时期景观

文艺复兴运动是 14 世纪在意大利兴起、15 世纪盛行于欧洲的新兴资产阶级思想文化运动。这一时期古典主义的艺术创作得到了大力的发展。意大利庄园是这个时期的园林景观代表。

意大利的文艺复兴运动使人们的思想得到解放，对大自然生活的向往表现强烈，此时出现了大量的别墅和庄园，造园艺术也发展到一个新的阶段。意大利地形地貌主要为台地，使得意大利的庄园能够借助自然的地势依山而建。意大利庄园较注重实用的功能，院内一般有大量的室外活动设施。庄园多为对称布局，重视水景和植物的设计。具有代表性的有菲埃索罗的美弟奇庄园、望景楼园、兰特庄园等。

17 世纪法国古典主义园林发展迅速，并进入辉煌时代。法国园林常用轴线放射状布局，并有序地布置宫殿等建筑物，同时注重水景和植物的应用。具有代表性的园林有维康府邸花苑（图 1.17）、凡尔赛宫苑（图 1.18）等。法国的古典园林彻底地运用了构图原则，各种造园要素组织得更协调，更充分地表现了古典主义的灵魂、庄重与典雅。

西方园林表现最多的是以古典构图为原则的布局，这种古典主义园林通常有鲜明的中轴线，形成轴线明确、条例清晰、秩序井然、主次分明等构图特点。

图1.17　维康府邸花园

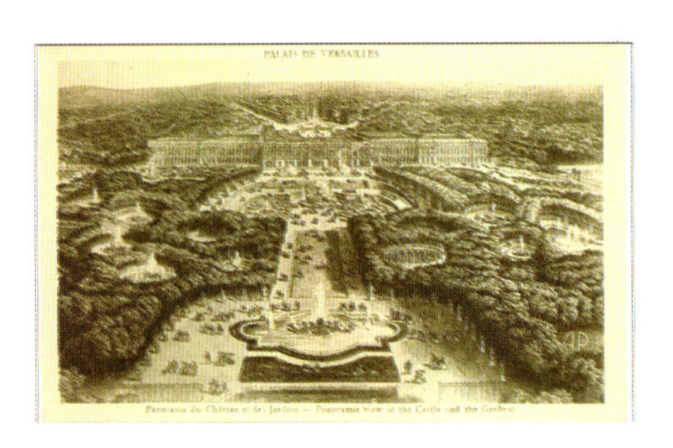

图1.18　凡尔赛宫

1.3.3　近现代景观

1. 中国近现代景观

1840 年鸦片战争爆发后，中国社会进入了半殖民地半封建社会，多个国家在中国设立了租界，中国的政治、经济、文化等都受到了西方艺术思潮的影响。在建筑方面出现了西方的折中主义样式，成为中国近现代建筑的特色。与此同时，西方的花园也进入了中国，但当时主要为殖民者服务。随着西方文化进入中国，中国也开始模仿西方的公园模式，为居民设计共享的公园和绿地。1906 年，无锡、金匮两县建造的“锡金公花园”

成为我国建造最早的公园。辛亥革命前后，在广东、汉口、成都等地出现了一些公园，我国近代公园在这一时期开始形成并快速发展起来。

1949 年新中国成立后，出现了分布在街头城郊的大量园林绿地，供居民享用。比如很多大城市中出现的“人民公园”就具有时代的象征意义。20 世纪 80 年代我国进入经济飞速增长的时期，各类景观建设频繁，全国各地都建成了各种规模的公园、植物园、动物园等。

中国近现代早期景观代表是中山岐江公园，岐江公园位于广东省中山市主城区，总用地面积为 11 公顷，原是粤中造船厂所在地。公园东南临岐江，西北方是城区。俞孔坚和庞伟等人在这个公园的设计上，利用老厂的门式桁架、铁轨、龙门吊等组成新的景点。利用芦苇、水草等野生的植物构筑新的风光，利用一些旧机器作为重温历史文化的硬质雕塑等，给看惯了中国古典园林的城市市民以许多新鲜感、历史感和文化感，同时还有许多原真性和平易性，因此获得了空前的成功。设计者说他们的真正努力还表现在以下几个方面：一是较好地解决了水位变化时滨水地段的生态性、亲水性问题；二是通过挖小河道、留小岛的办法既保住了几十颗大榕树，同时成功地保证了河道过洪断面；三是发现了野草之美。但是笔者认为更多更大的效果是因为没有围墙，因此使公园跟城市融为一个不可分割、不可缺失的整体。任何人走进公园都会感到其实是在城市中，而任何一个挨近它的人，都会觉得自己已进入了公园中。另一点是整个公园极为平易朴素，普通市民甚至是外来打工者都可以亲近，可以享受，可以放肆地来玩赏。

2．外国近现代景观

18 世纪英国人在造园时不能完全接受意大利和法国的规则式布局，而更倾向于自然的生活模式，在浪漫主义思潮的影响下，英国园林景观呈现自然的状态，风景式园林因此而产生（图 1.19）。英国的风景式园林对欧洲及其他地区的园林景观建设产生了巨大的影响。

图1.19　英国风景式园林

自 19 世纪英国产业革命以来，很多原来专为王公贵族服务的园林开始向公众开放，城市 绿地的建设也在不断进行，19 世纪下半叶，随着城市规模的扩大，近现代的园林已发展为大众的活动场 通大众的现代公园，至此，城市园林、公园等公共空间如雨后春笋般发展起来（表 1-3）。

表1-3　外国园林景观发展历程表

<table>
<tr><th>时代</th><th>时间</th><th>代表</th><th colspan="2">特点</th><th>形式</th></tr>
<tr><td>古代</td><td>前1400—前400年</td><td>埃及、希腊、罗马</td><td colspan="2">中庭式</td><td>规则式</td></tr>
<tr><td>中世纪</td><td>400—1400年</td><td>西欧各国</td><td colspan="2">中庭式</td><td>规则式</td></tr>
<tr><td rowspan="2">文艺复兴</td><td>1400—1600年</td><td>意大利文艺复兴</td><td rowspan="2">几何式</td><td rowspan="2">立体式、平面式、建筑式、图案式</td><td rowspan="2">规则式</td></tr>
<tr><td>1600—1700年</td><td>法国勒诺特式</td></tr>
<tr><td rowspan="2">近代</td><td rowspan="2">1700—1800年</td><td>英国布朗派</td><td colspan="2">写实派、自然派</td><td rowspan="2">不规则式</td></tr>
<tr><td>英国绘画派</td><td colspan="2">浪漫派、感伤派</td></tr>
<tr><td>现代</td><td>1800—现在</td><td>综合样式</td><td colspan="2">多元化、高技术</td><td>多样式</td></tr>
</table>

外国近现代著名的景观代表作品是美国的纽约中央公园(图1.20)，公园面积大约320ha,在纽约市最繁华的曼哈顿区中心位置。中央公园南接卡内基，北依哈林区，东毗古根汉姆博物馆,西靠美国自然博物馆和林肯表演艺术中心。老奥姆斯特与奥克斯合作设计，1858年4月，他们的方案在30多位竞争者中脱颖而出。中央公园南北长4km,内部不仅有植物园、动物园、运动场、美术馆、影剧院和大面积的湖面、花式繁多的喷泉、大草坪、各种游步道等公园所需的功能和景点、设施，而且还有历时90分钟看遍整个公园的无轨电车游览线，有野生动物保护中心，有连绵不断、起伏变化的丘峦，很方便、很自然、很生态、很原真，但是方案中标的更大特点还在于东西向的4条城市干道，设计者把它们统统安排在地下穿过，进而保证了公园空间景观的完整性和公园游览步行的安全性、悠闲性。自东南去西北斜向穿曼哈顿的框架性道路百老汇大街，在公园西南角形成地上地下交通枢纽，十分合理而巧妙。然而老奥姆斯特的高瞻远瞩和作品的震撼力更在于他敏锐地觉察到这个公园是城市有机体的一部分。因此，既不能因为公园的出现而造成城市规划困难，同时也不应该因城市规划而使规模如此巨大的公园变成一个问题错综复杂、百病缠身的肌体。中央公园是曼哈顿不可或缺的组成部分，为市民提供了一处优美而充满自然气息的日常游憩场所，是在工业化、城市化大背景之下市民借以调节生理、心理、精神的一个亲切温馨的去处。

图1.20　美国纽约中央公园

本章小结

景观与景观设计	景观在不同的研究体系和学科中有着不同的定义，景观设计是一门综合性的学科	
景观设计的任务与景观从业人员工作内容	景观设计是将土地及其上面的各种要素(包括地形、植物、建筑、水景等)进行设计和改造的过程，景观设计成果是景观从业人员团队合作的成果	
景观设计发展史	中国景观发展史	中国景观起源于园囿，园林景观具有较强的代表性，且与当时的诗歌、山水画等相结合而具有较高的意境
	外国景观发展史	古希腊和古罗马的景观艺术是西方景观的诞生地，西方景观由于先后受到规则式、文艺复兴艺术思潮的影响而呈现自然式的发展过程，各国景观的特点和形式有较大差异
	近现代景观	近现代景观向着多元化、高科技、人性化的方向发展

思考题

1．景观设计的任务是什么？景观从业人员的工作范围和内容包括哪些？

2．举例说明中外园林景观各个时期的平面布局特点、风格和流派。

第2章 景观设计基本理论

知识目标

- 重点掌握景观设计各基本要素，包括地形地貌、道路与地面铺装、水景、植物、建筑物与构筑物、景观设施与小品的组成及设计要求。

狭义的景观设计可以描述为基于“元素—方法”的基本理论进行规划和设计，也就是“用什么方法和手段”对“哪些元素”进行组织和设计，从而达到最终的要求。

在景观设计元素中，包括自然要素，比如自然的地形地貌（图2.1），自然形成的江、河、湖、海（图2.2）等；还包括人工要素，即这部分景观元素带有更多人为参与的因素，比如道路和地面铺装（图2.3）、人造喷泉（图2.4）、瀑布、景观设施等。现代城市的景观设计主要由人造景观组成，但由于人们的心理向往更趋向于自然景观，因此，如何使城市人造景观设计和规划更贴近于自然，是现代城市景观设计的主要目标。

图2.1　自然地形地貌

图2.2　海

图2.3　道路及地面铺装

图2.4　人造喷泉

2.1　地形地貌

地形是景观的基底与骨架，是形成景观空间与环境的实体要素。地形自身也能够成为优美的景观或进行艺术化的处理。因其为基底与骨架，进行地形设计需要有全局观，能统筹兼顾，综合考虑景观中的场地使用要求、山水空间要求、植物种植条件、地形排水条件等众多方面的因素。

2.1.1　概念

在景观设计的基本要素中，地形地貌是最基本的场地和基础，是整个景观设计的依附载体和结构骨架。良好的地形设计是合理布置景观空间、组织景观设计元素的重要保障。

从地理学的角度来看，地形是指地球表面高低不同的起伏形态，这类地形称为大地形，此类地形起伏较大并且覆盖区域面积较广，多以自然形态和风貌出现。如果用图形表示，它们是用等高线绘制出来的地形图(图2.5)。山脉、草原、沙漠、冰川、丘陵、大面积水域(湖泊、河流等)等属于大地形。狭义的景观设计中的地形指微地形，是采用人工模拟大地形的形态及其起伏错落的韵律而设计的仿自然地形的面积相对较小的地形。

地貌可以理解为地形的表面表现形式，地貌是地形表面的形态特征，这种特征更多表现为材质和肌理，比如喀斯特地貌(图2.6)、风蚀地貌等。

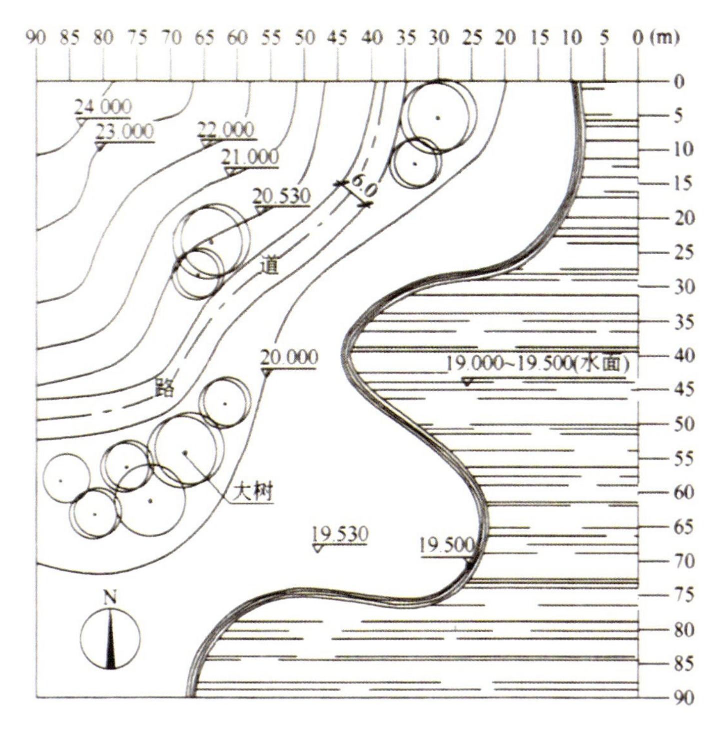

图2.5 用等高线表示的地形图(李延龄，《建筑课程设计指导任务书》(第1版)，2007)

图2.6 喀斯特地貌

2.1.2 地形地貌设计

景观设计中的微地形设计要根据场地需求和要求的不同来进行，比如广场的地形设计要求比较平坦，而公园的地形设计可以多一些起伏变化，以营造趣味性。在微地形中设置的元素比如平地、坡地、溪流、假山水池等如何布置，以及它们之间的相对位置、比例、尺度、形态、色彩等的搭配和设计，都要通过地形的整体设计和竖向设计来进行合理的规划。在微地形设计中涉及以下元素。

1. 平地(图2.7)

平地适用于面积较大、范围开阔的广场和室外活动场地，坡度一般小于3%。比如

图2.7 平地

具有集散和疏散功能的市政广场等人流较集中的场所和室外活动场地应设计为平地。平地具有较多的优点，比如限制条件较少、场地的可塑性较强、视觉范围开阔等，但也有一定的局限性，比如缺少较多的竖向变化、缺少趣味性、缺乏私密感等，设计不当会使平地显得单调。因此，在平地的设计中，应当注重竖向空间和横向空间的对比设计，同时还可以在局部进行高差设计以及造坡处理，以避免大面积平地单调的感觉，并增加趣味性。

2．坡地

图2.8 缓坡

坡地可以分为缓坡（图 2.8）和陡坡（图 2.9），缓坡坡度一般为 3% ~ 12%，常用于营造起伏变化的竖向景观，并能够为人们开展一些室外的活动提供休闲的场地。此类地形受到了广大群众的喜爱，比如缓坡草地、草坪、缓坡临水平台等。近年来缓坡设计不仅能够形成细腻、精致、优美的微地形环境，同时也能够利用地形有效排水，并节省土地。陡坡常指坡度大于 12% 的倾斜地形，这种地形有利于形成不同高度和不同角度的景观效果。坡地地面起伏变化较大，具有动态的景观效果，为景观增添了较多的变化和情趣等。在设计坡地时，应当考虑起主导作用的等高线，通常使坡地平行于等高线进行规划设计，同时应该注意场地现状特征的分析，包括最高点、最低点和坡度等级等，以确定场地排水方式，以及场地内建筑物、道路、停车场、游戏场等设施的定位布置。

图2.9 陡坡

3．其他地形

图2.10 自然山体

平地和坡地是景观设计微地形中使用频率最高、应用范围最广的两种地形，其他的地形常与前两种地形进行结合或者独自成为景观特色。其他地形包括山体和凹地等。山体分为自然山体(图 2.10) 和人工假山(图 2.11)。自然山体又可分为可攀登山体和不可攀登山体两种，可攀登山体可同时成为两种不同的景观特色，一是可以登临山体之上从不同的高度和角度欣赏风景，其次山体本身即是被欣赏的景观。不可攀登山体较险峻，一般只作为被欣赏的主体。人工山体通常体量较小，通常为土坡上置石成山或者单独叠石成山，但人工山体往往是景观的焦点，也成为中国古典园林划分组织园林空间的重要元素之一。人工假山搭配以亭、廊、植物、景观设施等可以形成变化丰富的景观空间。凹地为地面底标高与周围地势有较大高差的地形，凹地形(图 2.12) 常常与周边的环境形成大小不同、动静不同的各种水体景观，比如池塘、湖泊、溪流、瀑布等。凹地形再放大还可形成峡谷、盆地等较大的景观。对于凹地形应注意考虑汇水排水以及水流方式的设计，才能使凹地形具有活力和灵性。

图2.11 人工假山

图2.12 凹地形形成的潭

2.2 道路与地面铺装

道路构成了景观的联系框架和网络，并因为铺装的不同而有了不同的质感与导向性；不同的铺装图案构成给人以不同的方向感：外散、内聚、导引或旋转。铺装形式界定了空间位置的多种变化，界定出不同的空间层次。在道路设计的基础上，地面铺装有其实际的实用意义和艺术价值，铺装设计能够划定空间所定义的“场所”，给空间场所锁定意义或精神。

2.2.1 道路

1. 基本概念

如果说地形地貌是景观设计的依附载体和结构骨架，那么道路则是景观设计的主要交通“脉络”和“血管”。道路是景观设计的重要元素之一，进行道路设计最重要的目的是为了满足交通和疏散的需要，道路是将景观设计中各要素联系起来的功能性最强的纽带。

从功能上看，道路是城市景观的联系框架和筋络(图 2.13)，是景观得以实现的物质载体；从景观上看，道路本身既具有被欣赏的价值，同时又具有作为整个景观体验走廊的重要功能(图 2.14)。因此，做好道路设计对于景观设计具有十分重要的意义。在考虑道路设计满足交通和疏散的基础上，应在道路类型、环境条件、地理位置、使用对象等具体细节上加以选择和应用，形成适地、适时、适人的美好道路景观映象。

图2.13　城市局部道路网络

图2.14　道路的景观体验走廊功能

2．类型

道路的主要功能是交通和疏散，同时还具有很强的导向性作用，在景观道路系统中包括车行道和步行道两大类。

1) 车行道

车行道板块通常由几部分组成，即机动车道、非机动车道、隔离栏或者绿化带等(图2.15)。其中车行道又包括以下几种类型。

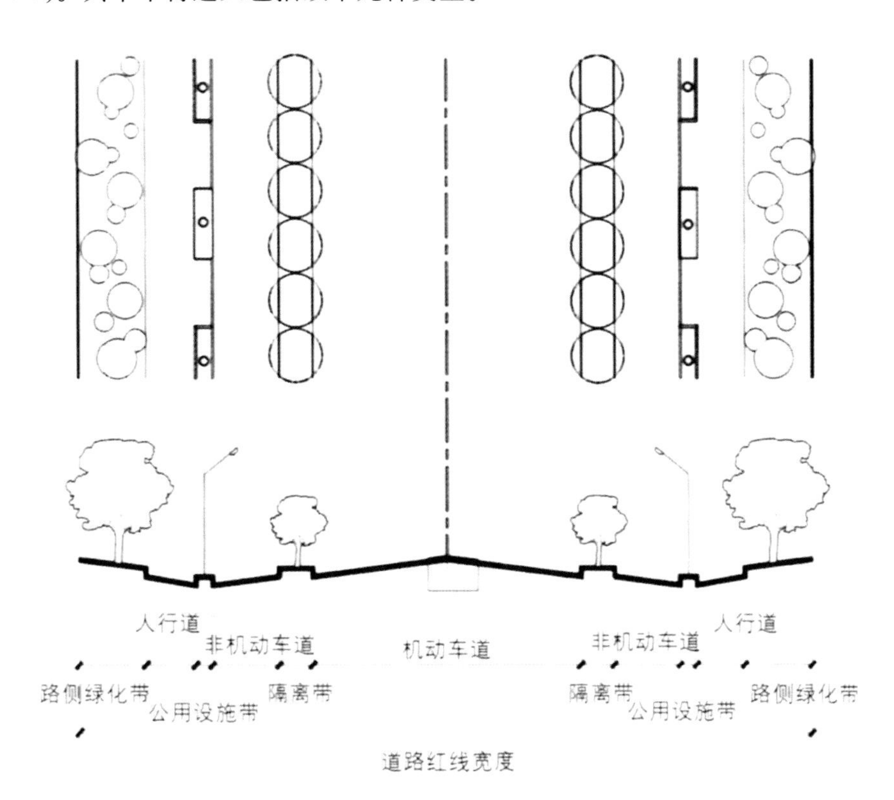

图2.15　车行道路面板块组成(韦爽真，《景观场地规划设计》，2008)

(1) 主干道。主干道是市区主要的交通运输线路，连接城市主要的功能区、公共场所等。行车基本上为平交，最少有四车道。在我国，主干道宽度一般为30 ~ 50m。

(2) 次干道。次干道是联系城市主干道的辅助交通路线，行车为平交，最少有二车道。宽度一般为25 ~ 40m。

(3) 支路。支路是用来联系城市各街区的道路，其路宽与断面变化较多，可不划分车道。宽度一般为12 ~ 15m。

(4) 居住小区车行道。居住小区车行道用于实现居住区内部与外界之间的沟通和联系，是居住区道路系统的主体，这部分内容将在第6章居住区景观设计综合应用中详细介绍。

2) 步行道(图2.16)

一般位于各类景观场地内部，主要用于实现内部步行交通和开展休闲活动，也是景观设计中内部道路较重要的部分。

图2.16　步行道

(1) 主路。主路是指从各类景观主要入口通向内部各主景区、主要节点、主要建筑物、广场等的内部道路。主路形成内部步行道的脉络和环路，在一些景观中，比如公园、居住小区等中作为主干道。主路宽度通常为 4 ～ 6m。主路的宽度是为适应车辆管理的要求以及消防要求而设定的。

(2) 次路。次路是各类景观内部连接各景点、休息场地等的道路。宽度通常为 2 ～ 4m。次路的平面曲度比主路要相对自由和灵活，以营造曲折多变、层次丰富的道路景观。

(3) 支路和小路。支路和小路是各类景观通往景观细节的道路。支路和小路通常供游人休憩、散步、深入游览，是引导游人深入到达景区各个角落的主要道路。支路和小路宽度较小，通常为 0.6 ～ 2m。支路和小路的组织和设计更为灵活和自由，常常使内部的景观细部有意想不到的效果。

3. 设计元素

道路设计元素主要由路面、边界和节点 3 部分组成 (图 2.17)。

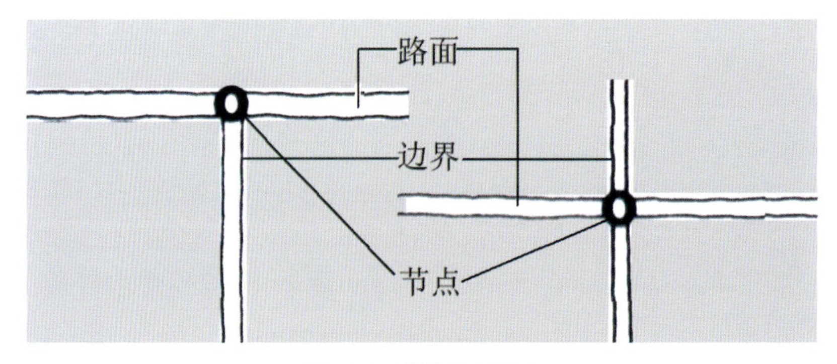

图2.17　道路元素设计

(1) 路面是形成道路景观的主体，是实现交通联系的载体。路面的铺装方式对于车行道和步行道有所不同，但是不管采用哪种铺装方式，在铺装材料的选择、设计和铺设等细节上都必须考虑人和车的尺度、承载力、安全性、舒适性和美观性的要求。

(2) 道路设计中的边界主要是指不同功能路面板块之间的交界带。比如相对方向机动车道之间的隔离栏和绿化带、机动车道和非机动车道之间的交界带、道路与道路周边的构筑物、广场等的交界带都属于道路边界的范围。道路边界有一个特性，就是沿线性方向扩展。因此，对于边界上的景观设计尤其要注意其延展性和连续性，设计时要更多注重在统一中求变化，以避免产生单调、乏味的景观视域。

(3) 节点在道路设计中的主要体现方式是转折点和交叉路口。在道路系统设计中，节点是主要的转折点和控制点，这个节点中的景观标志物往往也是视觉的焦点。比如交通环岛的景观标志物，给人以较强的引导性和方向性。因此，如何使节点上的景观设计呈现出丰富和精彩的形态，往往是道路设计中节点设计的核心内容。

4．设计原则

道路设计主要是线性延展方向上的设计(图 2.18)，这个延展方向上的设计还具有很多的特殊性，尤其是在连续性、导向性和动态性等方面，设计时应多加以考虑。

图2.18　道路的线性和延展性

1) 连续性原则

道路是景观设计中交通的主要载体，也是其他景点和元素的主要联系纽带。这种联系纽带正是通过道路的“连续性”特征来实现的。车行道和步行道将景观中的各种元素联系起来，形成一个整体，人们通过这种道路的“连续性”欣赏到沿途的景观和景观细节，由此可见道路连续性的重要性。因此，在设计时要注意保持道路景观的连续性。比如道路绿化带、行道树、路缘石以及道路边界等要能够体现连续性的特征，并且能够在统一中有适当变化，使道路景观具有统一的延展性，但又不致单调和乏味。

2) 导向性原则

道路具有很强的方向性和导向性，人们通常通过道路的这种特性来进行距离判断和方位定位。这种特性主要通过节点和沿路的景观设计来实现，比如交通环岛的雕塑、构筑物、沿路的广场、建筑物、标志性景观元素等，都能够成为实现道路方向性和导向性的设计方法。

3) 动态性原则

人们对风景和景观欣赏和体验都是通过动态和静态相结合的方式实现的，而道路更多的是帮助人们通过动态的方式来进行景观的体验。由于人在不同的运动状态、运动形式、运动速度下对道路景观的欣赏效果一般不同，在设计时应该对人在道路上运动的行为方式和轨迹加以考虑。比如人在漫步、快走或行车时对道路和道路周围的景观体验不同，人在直线行走或者迂回穿插走动时对景观的体验也会有所不同。因此，在设计时，要考虑到人在运动状态下的景观映象，注重近景、中景、远景的各种景观元素的高低和错位搭配，并保持这种景观的连续性，满足游人“在路上”也可以欣赏到不断线优美风景的渴望与需求。

2.2.2 地面铺装

地面铺装是道路板的表面构成，其承担着道路荷载并起到美观的作用。地面铺装在景观设计应用中范围较广，主要用在车行道、步行道、广场、室内、外活动场地、建筑地坪等设计中。地面铺装设计包括材料选择、图案设计、构造设计等方面的内容。地面装饰材料的选择和铺设方式应根据道路要求不同进行设计。

1．类型

按照地面铺装材料的质地和应用的道路性质的不同，可以将地面铺装分为硬质铺装和软质铺装两大类，硬质铺装按照道路性质的不同可分为车行道整体铺装和步行道整体或块材铺装两大类。

1) 整体铺装 (图 2.19)

整体地面通常用于长期承受交通工具荷载的各种车行道，尤其是在机动车道中应用最广泛。由于这类地面对承载力的要求比较高，因此地面铺装应具有较高的强度、耐久性、抗裂性、防滑性等特殊的性能。整体地面主要分为刚性路面和柔性路面两种。

图2.19 整体地面

(1) 刚性路面。它主要是指用混凝土材料铺设的路面，混凝土地面具有较高的抗弯、抗拉强度、表面变形小、路面坚固稳定、平整度和耐磨度较好等优点。一些对承载力有较高要求的混凝土路面可以通过在混凝土结构层中添加钢筋的办法来修筑，以提高地面的整体强度。

(2) 柔性路面。它主要指沥青等材料构成的路面。沥青路面的抗拉性能和抗压性能较好，此外塑性和延展性较好，能够较好地适应一些不是很稳定的路基。与刚性路面相比，柔性路面在防滑性、耐磨性、降噪防尘等方面都具有较大的优势，并且后期维护相对简易，不需要大规模重修，可以进行局部修护。

2) 块材铺装

块材是硬质地面铺装中变化最丰富的一种装饰材料，主要包括石材、砖、木材、砾石、卵石等材料 (图 2.20)。

图2.20　块材地面

(1) 块材常用于几种景观场地，一种是面积比较大的场地，比如广场、停车场、人行道、建筑地坪等；另一种是休闲空间的步行道、园路、步行小道等。常用的块材包括混凝土砖、花岗石、大理石、条石、透水砖等。块材具有形状规整、色彩丰富、质感平整等特点。块材地面铺装设计灵活，可以根据场地的不同需要进行规则式铺装，形成规律整齐的景观感觉；也可以对块材进行装饰图案设计，或者利用碎大理石、碎花岗石进行创意地面装饰设计，营造具有感染力和表现力的景观效果。

(2) 碎石常用于园路和局部需要进行装饰的场地。常用的碎石材料包括砾石、卵石、碎瓷砖、碎大理石、碎花岗石等。碎石具有良好的透水性、经济性、生态性，并具有较大的创意和创造设计空间，能够营造出图案丰富、感染力强、具有情趣的景观装饰效果。

(3) 木材被广泛应用于休闲区域和滨水区域、园路等(图 2.21)，台阶也常应用木材材料。木材具有较强的亲和力，与较坚硬、冰冷的石材相比较，木材更具柔和的感觉。木材具有环保、自然、无毒无辐射、施工方便等优点。近年来木材在室外的地面铺装设计中非常流行，比如滨水栈道、休闲区餐饮地面等都常用木材进行设计，但木材在室外使用时一般要进行防腐处理，才能使这种材料的承载力、色泽、纹理等特征保持更持久。常用的防腐材料有桐油、CCA 与 ACQ 几种。

图2.21　木材铺装

车行道与步行道由于对承载力、强度、防滑性等性能的要求不同，采用的地面铺装方式也有所区别。尤其值得注意的是，利用这种差异性，可以通过在两种类型的地面材料和铺装构造上进行选择和设计出创新的路面铺装形式。例如在地面铺装构造中，车行道混凝土路面的垫层厚度和面层厚度与步行道石板路面的垫层厚度和面层厚度就有较大的差异，混凝土路面垫层一般为 150 ～ 200mm 厚，面层一般为 200mm 厚，如果太薄，就无法达到设计的承载力和强度要求。因此在设计时，不仅要考虑不同用途的地面需求，同时还能够通过计算设计出满足地面要求的铺装构造(图 2.22)。

图2.22　不同地面的铺装构造

3) 软质铺装

软质铺装主要指草坪和地被植物覆盖的地面铺装形态（图 2.23）。软质铺装较硬质铺装更具亲和力和感染力，并且可塑性也非常强，可以创造出充满魅力和活力的景观效果，也能够与周边的树木、植物形成层次丰富的景观特色。软质铺装一般用低矮的草坪和地被植物进行设计，高度一般不超过 150mm，便于人们行走和穿越，草坪和地被植物要根据地域、气候等条件的不同进行选择和设计。

图2.23　软质铺装

2．设计要求

1) 导向性要求

道路的性质和功能决定了它具有很强的导向性，在设计时应当方便人们能够准确和及时地通过道路的引导到达目的地。这个要求可以通过地面铺装设计 (文字、图案、符号等元素) 引导、路面以上或周边标志指示、节点或交叉路口醒目的标志物引导等多种方式进行综合设计而达到 (图 2.24)。在实现道路导向性要求的同时，还需考虑人在道路中的运动和行为轨迹所产生的视觉感受，这也是在道路景观设计中要解决的重点和难点问题。

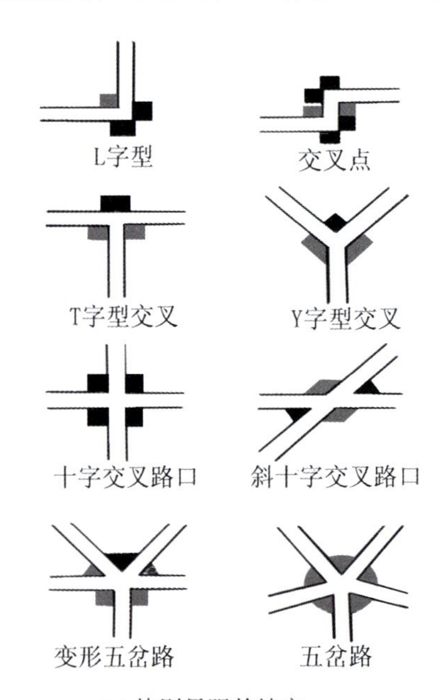

图2.24　在节点设置标志物增强导向性

2) 划分空间的要求 (图 2.25)

道路和道路周边的其他景观元素可以组成不同的空间形态，比如道路与周边的广场形成开放的空间、与两边的建筑物形成半围合的空间等，道路也自然成为这些空间的划分界限。在设计时要注意考虑道路周边的要素，采用与之相呼应的宽度、空间形态和材料，通过合理的搭配设计，根据不同的场地要求设计出合理有层次、丰富有变化、细腻优美的空间形态，也可以通过地面铺装设计进行空间限定、空间塑造，以达到划分空间的要求。

图2.25 通过道路划分出不同的区域和空间

3) 实用性要求

道路的设计要满足不同景观场地的设计规范和要求，例如大中城市步行街宽度不小于 6m，区级商业街和小城市不宜小于 4.5m，一个机动车道宽 3 ～ 3.5m 等。道路的设计要与地形地貌等自然背景进行综合设计，做到“因地制宜”，并创造出合理而富有表现力的道路形态 (图 2.26)。此外，路面材料的选择也应当遵循就近原则，在能够满足功能和造型的基础上，尽量选择实用、经济、环保的材料进行铺设。

图2.26 富有表现力的道路形态

4) 艺术性要求

道路除了应满足基本的功能要求之外，还应当考虑营造优美的景观感受。这种艺术性的表现可以根据场地的不同需求，通过道路的起伏变化、地面装饰的质感变化、图案设计、空间层次变化等方面来实现(图 2.27)。通过这些设计方法，使道路景观具备更多的内涵和趣味性，使道路景观与周围的景观相协调和互动成为一个整体，并且能够通过艺术性的设计，使道路景观形成自然的、丰富的、活泼的、轻松的、有趣的等各种不同的情感氛围。

图2.27　富有艺术性的地面铺装

2.3　水景

人类生存离不开水，水体存在的形式同时也给人以不同的感受。浩瀚的海洋让人无限向往，奔腾的江河让人激情澎湃，潺潺的溪流让人清新悦目，宁静的湖泊让人淡泊清新等。自古以来我国众多哲人和诗人都对优美的水景诉诸赞美之情，老子的“上善若水”、孔子的“仁者乐山，智者乐水”等辞赋古诗，不仅表达了对水体各种形式的赞美，同时也引发了更多关于生命的思考。水景是景观设计的主要元素之一，也是最能够突显“灵气”、为整个景观环境增色的元素。

2.3.1　分类

水的类型按照水体的存在位置可分为地下水和地表水；按照水体的聚集形式可分为自然水体和人工水体；按照水体的流动性可分为静态水体和动态水体。狭义的景观设计主要是指地面上的自然水体的利用、改造或设计和人工水体的设计。

1．静态水体(图2.28)

静态水体主要是以面状水体汇集形成的景象，主要包括湖、池、潭等几种形式。湖是指陆地上封闭的水域。池也是陆地上封闭的水域，但一般来说面积较湖小，且多为人工开挖，古时的城池多用于护城和救火。潭多指水深较深的水体，多位于峡谷间。静态水体多以平静的表面呈现出周围的倒影，增加了景观的层次性和丰富性，给人以美好的感受。通过水面所产生的倒影、反射、逆光等特性，能够将周围的景色通过一年四季不同季节的色彩变化反映得淋漓尽致。静态水体平静的水面也是相对的，微风拂来，水面上波光粼粼、静中有动，营造出无限的动感景观。人造水池、游泳池、倒影池等属于静态水体。

图2.28 静态水体

2. 动态水体

动态水体是通过水位的高差关系而形成的流动的水体，主要展现水体的动态美。动态水体落差小，水流缓慢，体现婀娜妩媚之美，比如溪流、跌水等。动态水体落差大，体现热情奔放之美，比如瀑布、喷泉等。在狭义的景观设计中多以人工水体模仿自然动态水体，以充分体现自然美。

1) 河流 (图 2.29)

河流指自然或人工开凿的长条状槽形洼地流动的水流，宽度一般大于 5m。河流可根据平面形态、河型动态、分布区域的不同细分为不同的类型，根据平面形态可分为顺直型、弯曲型、分叉型等，根据河型动态可分为基本稳定型和游荡型。山区河流河床断面多呈 V 型或 U 型，多为顺直型河流；平原河流河床断面呈 U 型或 W 型，河滩一般较平缓，多为弯曲型、分叉型、游荡型河流。

图2.29 河流

2) 溪涧 (图 2.30)

溪涧是相对于河流窄、宽度一般小于 5m、水流速度变化多端的水体。溪涧能够较

图2.30 溪涧

好地顺应地形的不同落差而产生不同流速、形态的流水景观，例如在地势不同的地方形成的瀑布、跌水、漩涡等。溪涧的水流速度、形式的变化结合溪涧中的置石、水生植物、迂回曲折的水道等，能够形成无穷的、丰富的、神秘的自然意境。

3) 瀑布 (图 2.31)

瀑布是河水在流经断层、凹陷等地区时垂直跌落的水流景观。根据瀑布的外观和地质构造的不同，也有多种分类。按照瀑布的高宽比划分，可分为垂帘型瀑布和细长型瀑布。按照岩壁倾斜的角度划分，可分为悬空型瀑布、垂直型瀑布、倾斜型瀑布。按照有无跌水潭划分，可分为有瀑潭型瀑布和无瀑潭型瀑布。不同的瀑布类型产生的景观感受不同，直落式瀑布自上而泻，形成雄伟的气势；洞口上方的垂帘式瀑布如珠帘垂挂，形成扑朔迷离之美，并极具情趣。

图2.31 瀑布

4) 跌水、叠水 (图 2.32)

跌水是由天然或者人工构筑物的高差而形成的水流跌落的形态，是瀑布的另一种表现形式。跌水落差较瀑布落差小，水流速度较缓。叠水为多层次跌落的水流，叠水造型活泼多变，更具有韵律感和节奏感。跌水和叠水通常与依附的自然地势或人工构筑物、水流形状、声音以及周围的其他元素形成别具韵味的景观效果，跌水与叠水也往往成为水景设计中的视觉中心元素。

图2.32 跌水、叠水

5) 泉 (图 2.33)

泉是自然含水层与地面相交处产生的地下水涌出地面或者是通过动力泵驱动水流，使水流自下而上涌出的水流形式。泉有多种表现类型 (表 2-1)，包括喷泉、涌泉、碧泉、雾泉等。泉以不同形式出现在各种景观设计中，并且可以通过动力泵驱动水流向指定的方向喷射，形成各种类型和方式的水流造型，这也是与自重力水流只能从上到下进行设计的最大区别。在景观设计中，通常还将泉与小品、雕塑、音乐、灯光综合起来进行设计，成为梦幻奇特的景观视觉中心。

图2.33 泉

表2-1 泉的形式和特点

名称	主要特点
壁泉	由墙壁、石壁或玻璃板上喷出，顺流而下形成水帘或多股水流
涌泉	水由下向上涌出，呈水柱状，高度为0.6～0.8m，可以独立设置，也可以组成图案
间歇泉	模拟自然界的地质现象，每隔一定时间喷出水柱或汽柱
旱地泉	将喷泉管道和喷头下沉到地面以下，喷水时水流回落到广场硬质铺装上，沿地面坡度排除，平时可以作为休闲广场
跳泉	射流非常光滑稳定，可以准确地落在受水孔中，在计算机控制下，生成可变化长度和跳跃时间的水流
跳球喷泉	射流呈光滑的水球，水球大小和间歇时间可以控制
雾化喷泉	由多组微孔喷管组成，水流通过微孔喷出，看似呈雾状，多呈柱形和球形
喷水盆	外观呈盆状，下有支柱，可分多级，出水系统简单，多为独立设置
小品喷泉	从雕塑器具(盆、罐)或动物(鱼、龙等)口中出水，形象有趣
组合喷泉	具有一定规模，喷水形式多样，有层次、有气势，喷射高度高

2.3.2 设计要求

1. 体现地域文化(图2.34)

文化和文明是不同国家和地域综合精神的体现，是不同地域和国家的知识、信仰、艺术、道德、习俗等人类发展过程中所形成的习惯的总和。除自然景观外，文化景观更具有强烈的地域文化属性。例如，由于中西文化背景不同，西方的景观多呈规则式构图，形成庄重典雅的景观印象；而中国的景观多偏向仿造自然山水，比如中国的园林，虽是人造山水，却也体现了田园的情趣。自然景观是不以人的意识为转移的客观实在，自然景观的形成主要跟地域、气候、地质结构等因素有关，而文化景观更多地体现了人类发展所留下的人为痕迹。近年来大量发展的各种景观设计存在很大程度的相似性和较大的盲目性，使得很多的景观失去了地域文化的特色。

图2.34　水景设计应体现地域文化

2．大小结合(图2.35)

景观中的水景设计往往成为一个水系统，水景的类型通常很少孤立表现，综合应用不同类型的水景时应该注意要有大小和主次之分。比如大湖面与小水池、溪流、跌水、涌泉等不同的小水景相结合，形成以大湖面为主景的水景观体系。通过水景的大小结合，也能够有效地划分空间，形成时而豁然开朗、时而千变万化的多层次虚实变化的空间效果。

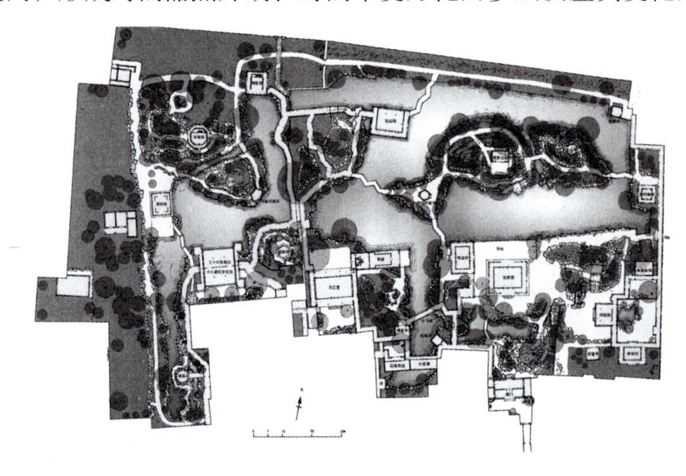

图2.35　拙政园大小结合的水体

3．动静结合(图2.36)

水景设计要形成一个整体体系。其中静态水体在水系中是相对的，一般静态水体的设计对于水出无源或者一潭死水都是比较忌讳的。因此，在静态水体中保持合适的、平缓的水流速度非常重要。通过将大面积的静态水面与瀑布、喷泉、跌水等动态水景相结合，形成不同高度和形式的水景景观，串联出各种优美的水景画面。

图2.36 水体应动静结合

4．与其他元素和谐统一(图2.37)

在景观设计中，通常要将水景和其他的元素进行组合设计，才能使其成为具有生命和活力的景观特色。比如山水镶嵌、岛石融汇、鱼鸟其中、植物穿插、小品渗透等，都是能够营造出不同的景观形式、空间构成和空间感受的设计方法，以满足人们观赏、游览、休憩、娱乐、休闲、教育等多方面的需求。景观系统是一个有机的系统，处理好水景与其他元素的协调，能够使这个系统更好地与外部环境系统和谐共存、长远发展。

图2.37 水体与其他元素相统一

2.4 植物

植物是景观设计中划分空间和组成空间的主要实体部分，植物本身的形态、色彩、习性等都是种植设计应考虑的主要因素。植物在整个生物圈具有重要的地位，除了能够为生命提供物质能量之外，还能够保持水土、净化空气、调节气候等以维持整个生态系统的稳定。根据地域的不同，受气候、土壤、温度、湿度等因素的影响，植物的种类都有很大程度的差异。比如日本的樱花、北京的国槐、海南的椰子树、成都的木芙蓉等，都是适应不同地域的树种，它们分别是体现不同地域和文化的具有象征性的植物(图 2.38)。

图2.38 香格里拉漫山遍野的杜鹃花

2.4.1 分类

按照植物的形态特点，可分为乔木、灌木、藤本植物、花卉、竹类植物、草坪地被、水生植物等(表 2-2)。按照植物的观赏部位，可分为观花类、观叶类、观果类、观茎类、观形类等。按照植物的生长习性，可分为喜阳植物和喜阴植物。

表2-2 常见植物分类

分类	常见植物
常绿针叶类	乔木类：雪松、黑松、龙柏、马尾松、桧柏
	灌木类：罗汉松、千头柏、翠柏、匍地柏、日本柳杉、五针松
落叶针叶类	乔木类：水杉、金钱松
常绿阔叶类	乔木类：香樟、广玉兰、女贞、棕榈
	灌木类：珊瑚树、大叶黄杨、瓜子黄杨、雀舌黄杨、枸骨、石楠、海桐、桂花、夹竹桃、迎春、撒金珊瑚、南天竹、六月雪、小叶女贞、栀子、蚊母、山茶、杜鹃、丝兰、苏铁

续表

分类	常见植物
落叶阔叶类	乔木类：垂柳、直柳、枫杨、龙爪柳、乌桕、槐树、青铜、悬铃木、盘槐、合欢、银杏、楝树
	灌木类：樱花、白玉兰、桃花、腊梅、紫薇、紫荆、戚树、青枫、红叶李、海棠、八仙花、麻叶绣球、金钟花、木芙蓉、木槿、山麻杆(桂圆树)、石榴
竹类	慈孝竹、观音竹、佛肚竹、黄金间壁竹、紫竹、方竹
藤本	紫藤、地锦(爬山虎)、常春藤、凌霄
花卉	太阳花、长生菊、一串红、美人蕉、三色堇、甘蓝
草坪	天鹅绒草、结缕草、麦冬草、四季青草、高羊茅、马尼拉草

1．乔木

乔木一般体型较大，具有明显的根部独立主干、分支点较高、树干和树冠区分明显、寿命较长等特点。成熟乔木一般能够达到 5m 以上。乔木按照高度划分可分为伟乔木 (31m 以上)、大乔木 (21 ～ 30m)、中乔木 (11 ～ 20m)、小乔木 (6 ～ 10m)4 类。按照树的形状可分为尖塔形、圆锥形、圆柱形、圆球形、伞形、垂枝形、特殊形等几种 (图 2.39)。按照一年四季植物叶片脱落状况可分为常绿乔木和落叶乔木两类。按照乔木叶片形状的宽窄可分为阔叶常绿乔木、针叶常绿乔木、阔叶落叶乔木、针叶落叶乔木 4 种。

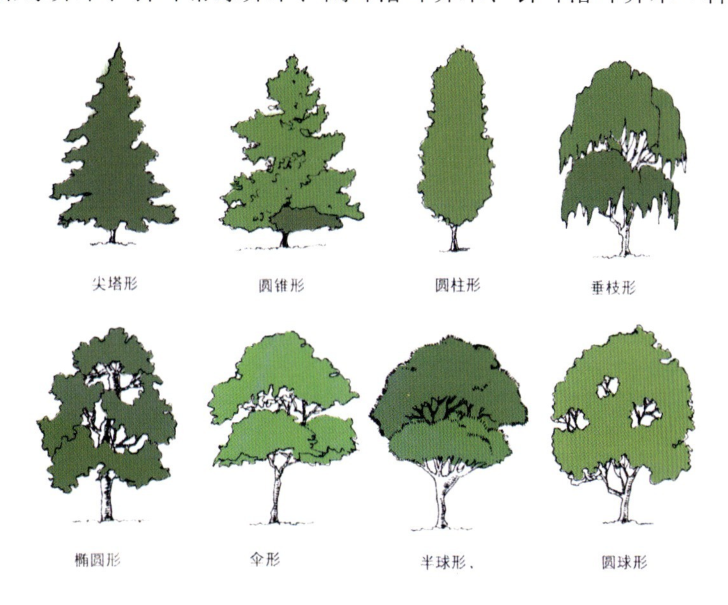

图2.39　基本树形

乔木是植物设计中的骨干植物，对整个环境景观布局影响很大，常作为植物组合设计的中心植物 (表 2-3)，也常作为行道树遮阳成荫。羊蹄甲、桂树、香樟、法国梧桐、柳树、黄槐等都是常见的乔木行道树 (图 2.40)。

图2.40　常见乔木行道树

表2-3　常见乔木种类和应用

科别	名称	特性	适用区域
樟科	樟树	常绿，树冠为卵圆形，高度为20～50m，树皮有纵裂，树姿优美	长江至珠江流域
	紫楠	常绿，树冠为伞形，树皮为灰褐色，叶大荫浓，宜孤植、丛植，庭荫树种	长江流域、豫、粤、桂、云、贵、川一带
木兰科	广玉兰	常绿，树冠为卵形，高度为30m左右，5～8月开花，花大，呈白色，清香	长江至珠江流域
	白兰花	常绿，高度为20m左右，4～10月开花，白色芳香，庭荫，观赏树种	珠江流域，云、川、闽、琼
	鹅掌楸	落叶，高度为40m左右，树冠幼年为圆锥状，老年为长椭圆形，主干耸直端正，秋叶金黄，叶形奇特，观赏价值高，孤植，列植，群植均可	长江流域，川、云山区
松科	五针松	常绿，树冠为圆锥形，干苍枝劲，观赏树种，宜点缀配置	长江流域及青岛
	白皮松	常绿，树冠开阔，干皮粉白色，树形奇雅	华北、川、鄂、甘、苏
	雪松	常绿，树冠为塔形，高度为50～70m，树姿雄伟	长江流域、山东南部
	黑松	常绿，树冠为卵形，高度为30～35m，树皮为灰褐色，小枝橘黄，庭荫种植	鲁、苏、浙、皖
	马尾松	常绿，散形，干皮为红褐色，树姿雄伟	长江流域以南、西南

续表

科别	名称	特性	适用区域
南洋杉科	南洋杉	常绿，树冠为塔形，树姿优美	华南
木犀科	女贞	常绿，树冠为卵形，花白，5～7月份开花薇香	长江流域以南
棕榈科	大王椰子	常绿，单杆笔直，伞形，中央肥大，羽状复叶	华南
	棕榈	常绿，高度为15m左右，树干挺直，叶大呈扇形，姿态优美，庭荫种植	长江以南各省
桑科	小叶榕	常绿，高度为15～20m，树冠广大，分枝多，有气根，挺立如柱	华南
金缕梅科	枫香	落枫香叶，树冠为广卵形，高度为40m左右，树干通直雄伟，秋叶红艳，著名色叶树种，庭荫观赏或风景林用	淮河以南、华北、华南、华东、西南一带
	蚊母	常绿，伞形，花紫红，3～5月开花，庭荫种植	江浙、华南一带
杜英科	杜英	常绿，速生树种，枝叶葱茏，部分叶片绯红，庭荫、观赏树种	江浙、华南一带
豆科	羊蹄甲	半常绿，树冠为卵形，高度为7m左右，庭荫、观赏树种	粤、闽、琼、桂一带
	合欢	落叶，树冠为伞形，高度为15m左右，花粉红清香，6～7月开花，庭荫观赏，行道树种	黄河至珠江流域
	龙爪槐	落叶，树冠为伞形，枝下垂，宜对植、列植，庭院观赏树种	全国均可分布
罗汉松科	罗汉松	常绿，树冠为广卵形，高度为20m左右，姿态秀丽葱郁，宜孤植于山石组景，或整形丛植、对植	鲁、豫、皖、苏、粤、川一带
柏科	龙柏	常绿，树冠为圆锥形，高度为5m左右，枝叶紧密，易整形，规则列植或丛植	华北南部及华东各省
杉科	柳杉	常绿，树冠为圆锥形，高度为40m左右,树皮为红棕色，纤枝下垂，观赏树种	浙、皖及长江流域以南
	水杉	落叶，树冠为塔形，植株巨大，枝叶繁茂，叶色多变，喜湿润，适合成片造林	华南、华东、西南、华中
芸香科	柚树	常绿，花期为3～4月，白色芳香，果9～10月成熟，为球或梨形，著名观果树种	长江流域以南
大戟科	乌桕	落叶，树冠为球形，高度为15m左右，秋叶紫红，果实白色，庭荫行道树种	黄河以南
杨柳科	旱柳	落叶，树冠为伞形，枝条优美，庭荫、行道、护岸树种	华北、西北、辽、吉
	垂柳	落叶，树冠为倒卵形，高度为18m左右，小枝细长下垂，喜水湿，庭荫、行道、护岸树种	长江流域以南至广东
榆科	榉树	落叶，倒卵状伞形，主干挺拔，树形优美，树皮剥落灰绿相间，秋叶金黄，孤植、庭荫观赏树种	华中、华东
	榆树	落叶，树冠为圆球形，树形高大，树干通直，树皮纵裂，丛植群植	东北、华北、华东、华中
	珊瑚朴	落叶，树高干直，冠大浓密，入秋果红，庭荫观赏树种	豫、陕及长江流域

续表

科别	名称	特性	适用区域
银杏科	银杏	落叶，高度为35～40m，树干通直，树冠壮年期呈圆锥形，老年期呈阔卵形，长寿树种，秋叶金黄，观赏价值高，孤植、丛植、群植均可	辽宁中部至广东北部
无患子科	无患子	落叶，树冠为广卵形，高度为15m左右，树姿挺秀，秋叶金黄，孤植、庭荫观赏树种	长江流域及以南地区
胡桃科	枫杨	落叶，散形，适应性强，耐水湿，速生，庭荫、行道、护岸树种	长江流域及淮河流域
木棉科	木棉树	落叶，树干粗大端直，大枝平展，红花似火，绿荫如盖，庭荫、行道观赏树种	珠江流域，云、贵、川
悬铃木科	梧桐	落叶，树冠卵圆形，高度为30～40m，树干挺直，皮色青绿，庭荫观赏树种	华北、华南、西南
珙桐科	喜树	落叶，树冠为倒卵圆形，树干挺直，果实奇异，观赏树种	长江流域、黄河流域
紫薇科	楸树	落叶，树冠为圆形或倒卵圆形，树干通直雄伟，花色艳丽幽香，孤植、庭荫观赏树种	长江、黄河流域
	樱花	落叶，散形，树皮暗栗色光滑，春季开花，花大色艳，宜植水边、草地、园路，庭荫观赏树种	长江流域及东北地区以南
槭树科	鸡爪槭	落叶，树冠为伞形，高度为10m左右，结赤果，叶形秀丽，入秋叶色变红，适应于庭院观赏	长江流域
楝科	楝树	落叶，树冠为伞形，高度为20m左右，叶形秀丽，夏秋之际开紫花，清香，庭荫、行道树种	黄河、长江流域、两广地区
七叶树科	七叶树	落叶，树冠为圆形，树姿挺拔雄伟，叶形优美，庭荫观赏树种	黄河流域、苏、浙一带

2．灌木

灌木没有明显的主干，多呈丛生状态。成熟灌木一般不高于3m。灌木按照高度划分可分为大灌木(2m以上)、中灌木(1～2m)、小灌木(小于1m)3类(图2.41)。按照一年四季植物叶片脱落状况可分为常绿灌木和落叶灌木两类。

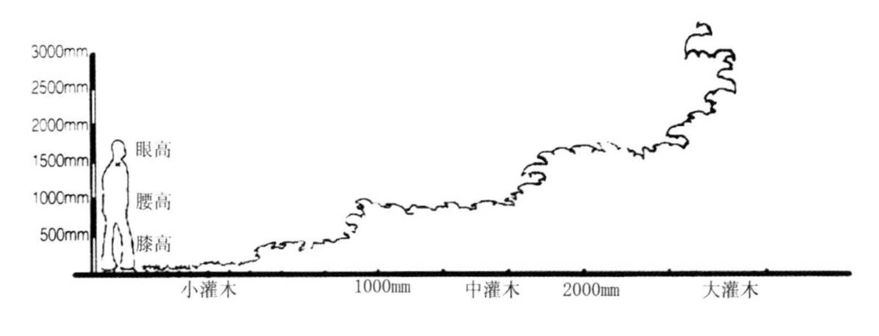

图2.41　不同高度的灌木

灌木是植物设计中最具亲和力和创造力的植物种类。由于灌木的高度和人体高度相近，灌木所营造的空间和造型具有较高的亲和力，灌木的观花和观叶也最具有价值，应用范围较广(表2-4)。此外，灌木还承担着乔木和草坪的过渡作用。女贞、红花继木、杜鹃、连翘、含笑、鸭脚木等都是常见的灌木(图2.42)。

图2.42 常见灌木

表2-4 常见灌木种类及应用

科别	名称	特性	适用区域
苏铁科	苏铁	常绿，棕状，高度为5m左右，羽状复叶，园林观赏树种	华南、西南
柏科	铺地柏	常绿，匍匐状，木本地被，孤植、悬垂种植	长江及黄河流域
小檗科	十大功劳	常绿，为耐阴，高度为1.5m左右	川、鄂、沿海一带
	阔叶十大功劳	常绿，耐阴，高度为4m左右，叶型有锯齿，株行奇特，黄花有香味，宜与山石配置观赏	陕、豫、皖、华东、华南
	南天竹	常绿，高度为2m左右，茎杆丛生，秋叶变红，腊月红果，宜与假山配置观赏，丛植、对植，庭院观赏树种	长江流域，鲁、皖
	小檗	落叶，分枝细密耐修剪，春开黄花，秋叶为红色，结红果，宜作刺篱	全国均可分布
山茶科	山茶	常绿，高度为10m左右，花紫、红、白，2～4月花期	长江流域，华东

续表

科别	名称	特性	适用区域
金丝猴科	金丝猴	常绿，丛生球形，小枝红褐色，花色发黄，常见观赏花木，可群植或花篱	华东、华南、华北
海桐科	海桐	常绿，树冠为球形，高度为2m左右，枝叶茂密，耐修剪，初夏开花芳香，入秋观果色红，常见观赏花木，可群植或篱笆	长江流域以南
金缕梅科	红花继木	常绿，多分枝，耐修剪，叶片为红色，多季开花，花为粉色或紫色，常见观赏花木，适宜群植、篱笆或盆景	长江中下游
蔷薇科	火棘	常绿，树叶茂密，拱形下垂，初夏白花，入秋结红果，常见观赏花木，适宜群植、篱笆或盆景	华东、华南
	垂丝海棠	落叶，树冠开展，小枝红褐，花繁色艳，宜湖畔墙隅群植、列植，庭院观花树种	华北、华中、华东、西南
	黄刺玫	落叶，枝拱形褐色，开花金黄且花期长，宜丛植，春末夏初重要观赏花木	全国均可分布
	棣棠	落叶丛生，花色金黄，宜与山石树丛配置或作花篱	华东、华中、华南
黄杨科	锦熟黄杨	常绿，枝叶茂密，耐修剪，耐寒喜阴，花淡常绿	华北、华东
	雀舌黄杨	常绿，植株低矮，树枝茂密，耐修剪，优良绿篱用材，适宜做木纹图案和花坛边缘	长江流域至华南、西南
冬青科	枸骨	常绿，树冠为阔球形，耐修剪	长江中下游
卫矛科	冬青卫	常绿，树冠为球形，树为绿色，耐修剪，变种为优良观叶植物	长江流域
五加科	八角金盘	常绿，数杆丛生喜阴	长江流域以南
山茱萸科	洒金东瀛珊瑚	常绿，树冠为球形，丛生，珍贵的耐阴植物，宜配植山石、庭院角隅	长江中下游
木犀科	桂花	常绿，树冠为卵圆形，树干端直，中秋开花，芳香，庭荫、观赏树种，对植为传统配置手法	长江流域
	云南黄素馨	常绿藤状，早春开花，黄色，宜丛植、篱植	华东、华北、西南、华南
	小叶女贞	落叶，枝铺散，耐修剪，园林主要绿篱树种	华北、长江流域
	金叶女贞	半常绿，新叶金黄，耐修剪，宜作色块、色带群体栽植	华北、长江流域
	迎春花	落叶丛生，小枝拱形，早春开花，花为黄色，宜植于路缘、山坡、水边或绿篱地被	长江、黄河流域
茜草科	栀子	常绿，树冠为圆球形，耐阴，耐修剪，叶色亮绿，夏季开花，花为白色，花大芳香，宜作绿篱和林缘	长江流域、华中、华南
忍冬科	珊瑚树	常绿，树冠为卵形，树枝繁茂，春开白花，秋结白果，适宜做整形绿篱	长江流域
百合科	凤尾兰	常绿，叶形如剑，白色芳香，适宜配置山石	长江流域
木兰科	含笑	常绿，树冠为球形，分枝密集，香花植物	华南、华东

续表

科别	名称	特性	适用区域
腊梅科	腊梅	落叶，冬季开花，黄色芳香，适宜孤植、对植、丛植，适宜配置山石，适宜传统绿色园林	长江中下游，豫、川、陕
锦葵科	木芙蓉	落叶，树冠球形，喜水湿，花大色艳，庭荫观赏树种	黄河流域至华南一带
	木槿	落叶，树冠为长卵形，花期长，夏秋之交重要观赏花木	黄河以南
千屈菜科	紫薇	落叶，树冠为长圆形，树干光洁扭曲，花色艳丽，宜孤植、丛植，夏秋之交庭荫观赏树种	长江、黄河流域
石榴科	石榴	落叶，树冠丛状圆头形，宜丛植、片植，观花观果植物	长江、黄河流域
山茱萸科	红端木	落叶丛生，树形开展，枝干与秋叶鲜红，庭荫观赏树种	华北、东北、苏、赣、陕、甘
杜鹃花科	杜鹃	半常绿，分枝密集，花期为4月，艳丽，宜作花丛、林缘	长江、珠江流域
茄科	枸杞	落叶丛生，小枝拱形，花期长，秋结红果，宜丛植、篱植	华北、西北、华南、西南
豆科	毛刺槐	落叶，树冠近圆形，花期为7月，花大色艳，宜孤植、丛植	华北、东北、华东
	紫荆	落叶，丛生，春季满树红花，宜丛植、列植，庭院观赏植物	陕、豫、甘、粤、云、川、冀、鄂、辽
	粉花绣线菊	落叶，花色娇艳，花朵繁多，可作基础种植构成夏景	华东、西南
木兰科	紫玉兰	落叶，丛生，大枝直伸，小枝紫褐，花大色艳，早春观花植物，宜孤植或丛植	华中、华南、华北
虎耳草科	八仙花	落叶，丛生，花期为6～7月，花大色艳，庭院观赏植物	鄂、粤、川、浙

3．*藤本植物*

藤本植物茎细长，不能直立，借助自身的卷须、吸盘等依附别的植物或支持物向上生长（图 2.43)。藤本植物依茎质地不同可分为木质藤本和草质藤本两类；按照一年四季植物叶片脱落状况可分为常绿和落叶两种。

图2.43　藤本植物

藤本植物是垂直绿化和拓展绿化空间、增加城市绿化率、提高绿化种植设计整体水平的重要途径。常利用藤本植物攀爬于墙面、棚架、花架、围篱、人工构筑物之上（图 2.44)，藤本植物的叶、花既能够获得观赏价值，同时又能够起到遮阴避阳的效果。木质藤本的紫藤、木香、爬山虎、野蔷薇、草质藤本的牵牛花等都是常见的藤本植物（表 2-5)。

图2.44　藤本植物应用

表2-5　常见藤本植物种类及应用

科别	名称	特性	适用区域
桑科	薜荔	常绿，叶质厚，喜阴，附于岩坡，墙上和树上	华东、华中、西南
木通科	三叶木通	落叶，花叶秀美可观，耐阴喜湿，可做篱笆、护坡、花架绿化	华北至长江流域、华南、西南
桑科	紫藤	落叶，枝繁花茂，花期为4～5月，优秀攀缘观赏植物	东北、华北、华东、华南
卫矛科	扶芳藤	常绿，秋叶为红色，攀缘力强	华南、华北、华东、华中
蔷薇科	木香	喜光，花白或黄，花期为4～5月	长江流域
葡萄科	五叶爬山虎	落叶，生长迅速，秋叶红色，优良垂直绿化	黄河至珠江流域
五加科	常春藤	常绿，蔓枝密叶，优良垂直绿化和耐阴地被	华中、华南、甘、陕
夹竹桃科	络石	常绿，花期为4～5月，清香，入冬叶色为紫红色，优良地被	长江流域
紫葳科	美国凌霄	落叶，花期为6～10月，花色大艳，优良庇荫绿化，花粉易使儿童过敏	全国各地
忍冬科	金银花	半常绿，花形花色别致，有香气，宜种植于楼前屋后	黄河流域、华东

4．花卉

花卉在这里主要指具有观赏价值的草本、木本、地被植物(图 2.45)。按照花卉的生活习性可分为陆地花卉和温室花卉两种。按照花卉生长周期长短可分为一二年生花卉、多年生花卉和水生花卉 3 种。按照花卉的根部形态可分为宿根花卉和球根花卉两类。

图2.45 常见花卉

1) 一二年生花卉

一二年生花卉主要指当年春季或秋季播种，于第二年开花的花卉。常见的有春季开花的三色堇、石竹，夏季开花的雏菊，秋天开花的一串红、万寿菊，冬天的羽衣甘蓝等都是常见的一二年生花卉。

2) 多年生宿根花卉

花卉的生长周期超过两年的，能够多次开花结实的花卉是多年生花卉。宿根花卉是指根部正常生长，不出现形态变异的花卉。芍药、萱草都是常见的宿根花卉。

3) 多年生球根花卉

球根花卉是指根部形状变异，出现明显形态变化的花卉。球根花卉根据根部形状变化可分为鳞茎类、球茎类、根茎类、块茎类等几种。郁金香、百合、美人蕉、荷花、睡莲等都是常见的球根花卉。

4) 水生花卉

水生花卉主要生长在水中或沼泽地中。荷花、睡莲都是常见的水生花卉。

花卉是植物设计中具有重要观赏价值的植物之一(表 2-6)，被广泛应用于景观设计中的花带、花坛、花镜、盆栽设计中。通过对各种花卉进行有机组合，使花卉组合的形状、色彩、香味等具有较高的观赏价值，也成为城市各种绿化重要的装饰手段。

表2-6　常见花卉种类及应用

科别	名称	特性	适用区域
苋科	雁来红	一年生草本，叶片层叠，鲜艳成丛，成片栽植做前景	全国各地
	鸡冠花	一年生草本，色彩鲜艳，夏秋常用，成丛成片栽植	全国各地
睡莲科	荷花	多年生水生草本，夏季水景常用植物	全国各地
	睡莲	多年生水生草本，水面主要绿化用材	全国各地
百花菜科	醉蝶花	一年生草本，花形奇特，夏季常用，成丛成片栽植	全国各地
十字花科	羽衣甘蓝	二年生草本，色彩鲜艳，冬春常用观叶植物	全国各地
豆科	白三叶	多年生冷季草本地被，喜阳，不易被踩踏，花期为5～6月	华北、华东、中南、西南
酢浆草科	红花酢浆草	多年生草本地被，喜阴，不耐踩踏，花期为4～10月	黄河流域以南
堇菜科	三色堇	一二年生或多年生草本，色彩鲜艳，北方早春主要花坛花卉	全国各地
千屈菜科	千屈菜	多年生草本，喜水湿，花期为7～9月，优良水岸绿化	全国各地
唇形科	一串红	多年生草本，色彩鲜艳，北方早秋季主要花坛花卉	全国各地
菊科	百日草	一年生草本，色彩鲜艳，夏秋常用花卉	全国各地
禾本科	结缕草	多年生草坪草种，耐踩踏，养护少，护坡能力强	黄河流域以南
天南星科	菖蒲	多年生常绿草本，花期为6～9月，优良水岸绿化	全国各地
百合科	山麦冬	多年生常绿草本地被，叶呈线形，革质，喜阴，花期为6～9月	全国各地
	细叶沿阶草	多年生常绿草本，叶呈线形，喜阴，林下种植	全国各地
	吉祥草	多年生常绿草本，夏秋开花，喜阴，观叶观果地被	西南、华南、华中、华东
石蒜科	葱兰	多年生草本，喜光，养护少，观花地被	华南、华中、西南

5．竹类

竹子属于禾本科、竹亚科的木质化多年生植物（图 2.46），广泛分布在北纬 46° 至南纬 47° 之间的热带、亚热带和温带，主要集中在南北回归线之间的地域范围。竹子是很多场所景观设计的常见植物素材（表 2-7）。竹枝干挺拔、修长，竹类造景能够提高人文品位。竹子种类繁多，按照繁殖类型可分为丛生型、散生型、混生型 3 类。

图2.46 竹子

表2-7 常见竹类及应用

科别	名称	特性	适用区域
禾本科	阔叶箬竹	叶片大，宜于庭院观赏或基础地被种植	华东及皖、豫、陕一带
	孝顺竹	丛生，竹秆青绿，叶密集，宜孤植、群植	华南、西南及长江流域
	佛肚竹	丛生，幼秆青绿，老秆橙黄，节大如瓶，庭院观赏植物	粤
	方竹	散生，竹竿通直，秆形四方，庭院观赏植物	华东、华南
	紫竹	散生，秆紫叶绿，宜点缀山石，庭院观赏植物	长江流域以南、西南
	金镶玉竹	散生，劲直挺拔，秆色黄绿相间，庭院观赏植物	长江流域

1) 丛生型

此种类型是从母竹基部的芽繁殖新竹的。常见的丛生型观赏竹类有慈竹、单竹、罗汉竹、凤尾竹等。慈竹杆纤维韧性强，节稀筒长，是竹编工艺品的主要材料。

2) 散生型

此种类型是从鞭根上的芽繁殖新竹的。常见的散生型观赏竹类有楠竹、斑竹、紫竹、水竹等。楠竹又名毛竹，是散生型竹类的代表，杆高直，坚硬。茎大 200mm 左右，是建筑、雕刻工艺上的好材料。

3) 混生型

此种类型是指既能从母竹基部的芽繁殖，又能从竹鞭根上的芽繁殖。常见的混生型观赏竹类有棕竹、方竹等。

6． 草坪地被

1) 草坪

景观设计中的草坪是由人工建植或人工养护管理，起保护、绿化、美化环境作用和供人类活动利用的低矮草地。草坪根据气候与地域分布可分为暖季型草坪草和冷季型草坪草。按照草叶的宽度可分为宽叶草类和细叶草类。宽叶草类茎叶粗壮、生性强健、适应力强，适合大面积种植，比如结缕草、假俭草、地毯草等。细叶草茎叶纤细、可形成致密草坪，但需要充足的阳光和良好的土质，比如细叶结缕草、早熟禾等。按照草坪的高矮可分为低矮草型和高型草类。低矮草型一般不高于 200mm，可形成致密草坪，比如结缕草、细叶结缕草、狗牙根等。高型草类通常高 300 ~ 1000mm，一般为种子繁殖，生长快，比如早熟禾、黑麦草等。按照草坪的使用功能可分为游憩草坪、观赏草坪 (图 2.47)、体育草坪等 (图 2.48)。按照草坪质量可分为特级草坪、一级草坪、二级草坪、三级草坪、四级草坪、五级草坪。

图2.47　观赏草坪

图2.48　体育草坪

图2.49　大面积草坪的应用

草坪的应用广泛，主要应用于城市、街道、庭院、园林景点的绿化。大面积的绿化草坪长势一致、整齐低矮、纤细茂密、青翠美观，给人以回归自然的感觉和乐趣 (图 2.49)。进行草坪设计不仅具有美观适用的功效，还能够起到保护环境、调节气候、吸附灰尘、减小噪声等作用，是衡量现代化城市环境质量和文明程度的重要标志之一。

2) 地被

地被植物是指覆盖地面的低矮植物。生长高度一般为 500mm 以下，通常具有较高的覆盖密度，是耐修剪、蔓生能力和扩展能力较强的植物。常见的地被植物有常春藤、石竹、三叶草、小檗等 (图 2.50)。

图2.50　常见地被

地被植物与草坪都能够覆盖地表，但也有其自身突出的优点。例如地被植物个体小、种类繁多、枝叶花果随季节呈现不同的变化，营造出丰富的景观效果。地被植物还具有适应能力强，生长速度快，可在阴、阳、干、湿等不同环境下生长；层次丰富，后期养护简单，病虫害少，适合粗放式管理。

7. 水生植物

水生植物是生长在水中或潮湿环境中的植物，主要包括草本和木本植物。水生植物资源丰富、品种繁多，是水景和植物造景的重要元素之一。按照水生植物的不同形态和生态习性可分为五大类 (图 2.51)。

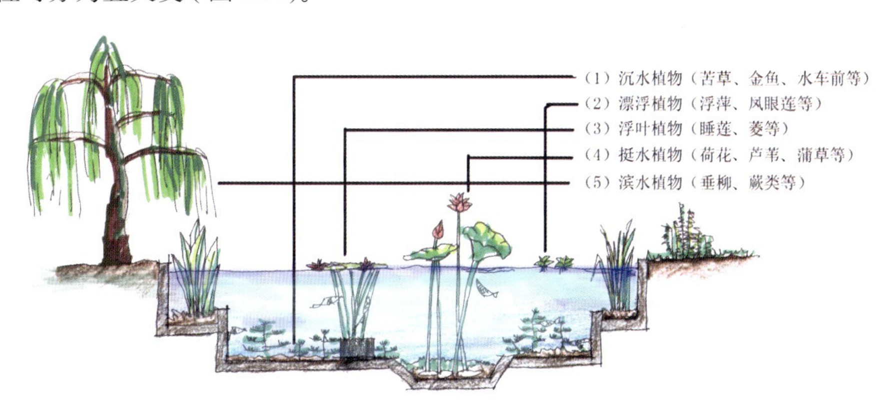

图2.51　水生植物

1) 沉水植物

沉水植物是植物扎根在水下的泥藻中，植株全部沉没于水面之下。常见的有苦草、金鱼草、黑藻、水车前、石龙尾等。

2) 漂浮植物

漂浮植物指植物的根系悬垂于水中漂浮不定，其茎、叶漂浮在水面。常见的有浮萍、凤眼莲、萍蓬草等。

3) 浮叶植物

浮叶植物指植物根系位于水下泥藻中，叶柄细长，叶片自然漂浮在水面上。常见的有金银莲花、睡莲、满江红、菱等。

4) 挺水植物

挺水植物的根和地下茎位于水下泥藻中，茎叶伸出水面。常见的有黄花鸢尾、荷花、蒲草、芦苇等。

5) 滨水植物

滨水植物是指根系位于潮湿的土壤中，短时间能够被水淹没。常见的有柳树、千蕨菜、蕨类、水杉、水松等。

2.4.2　配置方式

植物配置是景观设计的重要内容之一，其不仅能够营造出优美舒适的环境，还能建立适合人类长期发展的生态环境。除了能通过植物的自身搭配形成直接观赏点外，还能够结合多种类型的植物、山石、建筑、水体等其他元素进行空间划分和围合，组成丰富多变的空间景观。植物配置主要分为自然式种植、规则式种植和混合式种植 3 种主要方式。自然式种植主要模拟自然界植物群落结构和视觉效果，形成具有自然情趣和活力的植物景观，主要应用于公园、城市公共绿地等。规则式种植主要呈行列或几何形图案布置，形成对称或者序列的规整式植物景观，植物有时还被修剪成几何体形。混合式种植是规则种植和自然种植相结合的种植形式。

1．孤植(图2.52)

孤植是指孤立地配置一株或几株乔木或灌木，表现植株个体的特点，突出树木的个体美，例如优美的树形、丰富的线条、艳丽的花色等。孤植种植地点要求比较开阔，不仅要保证树木形态有足够的伸展空间，还要留有充分的观赏距离，这样才能够成为视觉的焦点。孤植的树木不是孤立存在的，它们往往与天空、水面、草地等元素相呼应而成景。孤植的树木应该具备伸展的枝条、鲜明的树冠轮廓、优美的姿态、寿命长等特点。常见的孤植树木有银杏、榕树、香樟、槐树、白桦、风杨等。

图2.52　孤植

2．对植(图2.53)

对植是用两株或两丛相同或相似的乔木和灌木按照一定的轴线以对称均衡的方式进行配置的。对植不仅能够起到庇荫和装饰美化的作用，还能够在构图上成为配景和夹景，增强视觉的透视感。对植常用于道路、广场、公园、建筑入口等，常采用规格和品种相同的树木进行对称布置。在自然式种植里对植是不对称的，选择的规格和品种可以根据场景需要而变化，不管树种怎么选择和搭配，保持画面上的均衡关系是自然式种植植物对植配置方式的要求。常见的对植树木有桂树、广玉兰、榕树、香樟、银杏、棕榈类等。

图2.53 对植

3. 丛植

丛植是由一株以上至十余株的树木组成的一个整体景观结构，一般丛植是由不超过15株大小不同的乔木和灌木组成的组群植物景观。丛植注重植物的搭配，讲究组合设计，体现整体美，不需要像孤植设计那样过多地强调个体的形态和色彩。由于丛植设计一般需要将多株多种树木进行搭配，因此在搭配时需要处理好不同树木间距、喜阳习性、生长速度的特性，以形成有机的植物搭配组合。

丛植具有较高的观赏价值，整体观赏效果较孤植和对植强烈。除了对不同种类的树种进行搭配之外，还常将其与石、建筑、小品、水景等进行组合，形成局部的中心景观。丛植设计按照植株数量可分为两株搭配、三株搭配、四株搭配、五株搭配、六株以上多株搭配等几种类型。

1) 两株搭配 (图 2.54)

两株搭配要注意统一中有变化，一般常用两株同类树种进行搭配设计。两株间的距离一般小于两树冠径之和，大于此距离容易形成分离的现象。在树木的形态、大小、动势等方面要有所差异才能体现生动活泼的景观特色。

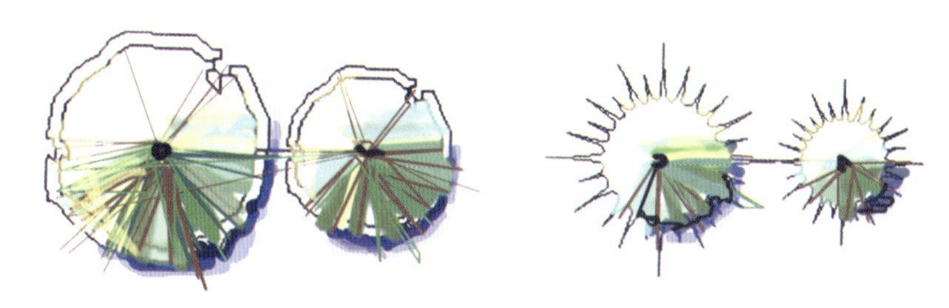

图2.54 两株搭配

2) 三株搭配 (图 2.55)

三株搭配常用同类或近似树种，例如同为乔木或者灌木、同为常绿或者落叶。三株搭配一般最多用到两类树种，不用三类树种，同时在树木形态、大小上应有所差异。种植时一般不把三株排列在一条直线上或者等边三角形角上，而较常用不等边三角形进行配置，其中大株和小株靠近成组，中等的植株远离一些成为另外一组，以平面形式形成 2:1 的布局，形成活泼并且相互呼应的植物景观。

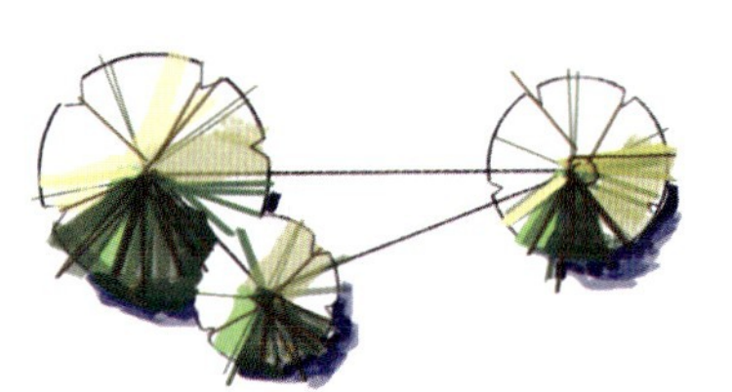

三株大小、姿态、高低不同，最大的与最小的一组，中等大小的另一组

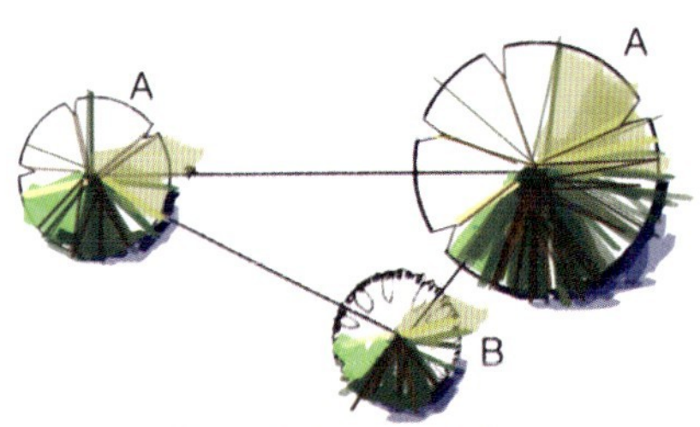

两个树种，A中等大小的单独一组，大A与小B组成另一组

图2.55　三株搭配

3) 四株搭配 (图 2.56)

四株搭配一般不超过两种树种，两种树种一般同为乔木或者同为灌木，不用乔木和灌木混搭。种植时不排列在一条直线上和两两组合，尤其是大株和小株不能单独成为一组，需与另一中株组合成组，平面形式以不等边四边形和不等边三角形为佳。四株搭配一般采用 3:1 的两组进行组合，大株、中株、小株组合成为一组，另一中株作为另一株进行搭配。

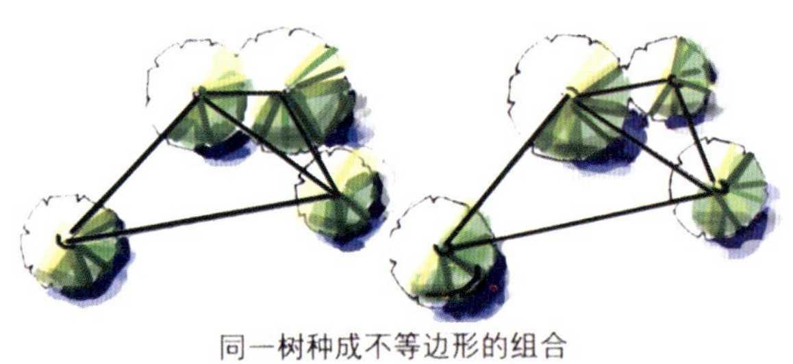

同一树种成不等边形的组合

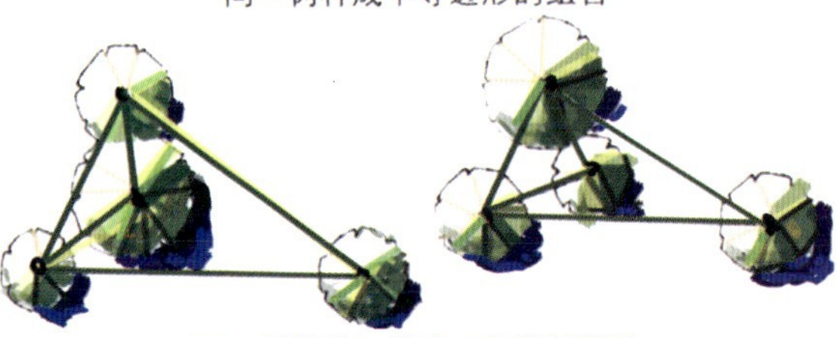

同一树种成不等边三角形的组合

两个树种，单株的树种位于三株的树种的构图中部

图2.56　四株搭配

4) 五株搭配（图 2.57）

五株搭配一般不超过两种树种，平面形式常采用 3:2 或 4:1 的植株分组组合方式，即三株成一组，另两株成一组进行组合或四株成一组与另一株进行组合。组合中的最大株应该在大组内，每株树木的形态、大小、动势、种植间距应该有差异。

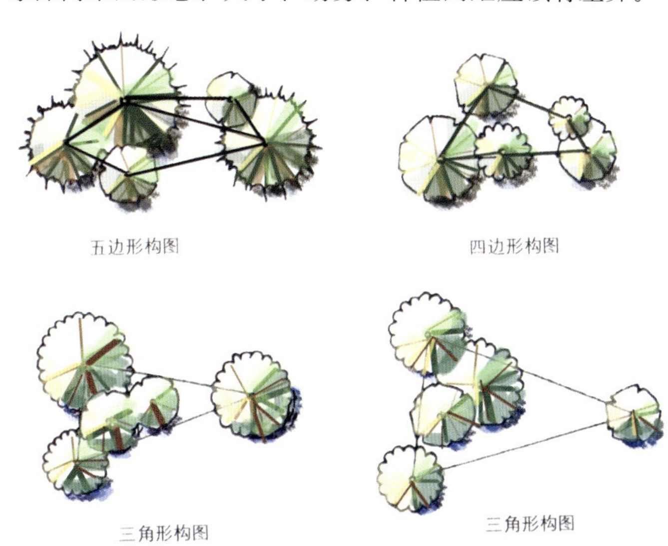

图2.57　五株搭配

5) 六株以上多株搭配（图 2.58）

六株以上多株搭配相对复杂，但基本原理与较少植株的搭配相同。其中孤植、两株搭配是基本的，三株平面形式采用 2:1 搭配，四株平面形式采用 3:1 搭配，五株采用 3:2 或 4:1 搭配，对于六株以上多株搭配只要掌握好较少植株的搭配原理以此类推进行组合设计即可。

图2.58　六株以上多株搭配

4．*群植*(图2.59)

群植也称为树群，一般是由 20 株以上的同种树种或不同种树种形成的组合群体。群植范围比丛植范围大，比树林范围小。不像丛植中的树木还可以单个拆开欣赏各树木的型、色、花、果等，群植主要表现群体美和层次美，不需要特别考虑挑选各树木的单株。

同种树种群植可以搭配草坪、地被、花卉成景，不同种树群群植要注意树冠姿态优美，喜阳高大树木位于中央；中间层次树木多采用叶色和花色美丽丰富的树种；地面辅以草坪、花卉、地被等植物，形成变化丰富、曲折优美的树群天际线。

图2.59　群植

图2.60　列植

5．列植(图2.60)

列植是指乔灌木按一定的株行距成行成列地栽植的配置方式，或在行内株距有变化。列植的株行距主要取决于树种的特点，一般株行距以成熟树木的冠径为主要考虑因素。一般乔木间距为 3 ～ 8m，灌木间距为 1 ～ 5m。列植形成的景观有整齐、单纯、气势等特点，常应用于规则形状的环境中，例如道路、建筑出入口、矩形广场等。列植具有较强的导向性，也常与环境结合成为夹景景观。道路的列植不仅具有整齐的景观效果，还常常利用枝叶繁茂的树冠形成大面积的树荫，在炎热的夏季能够为道路交通遮阳成荫，营造小气候环境。常见的列植树木有榕树、羊蹄甲、香樟、法国梧桐、黄槐等。

6．林带(图2.61)

林带也称为树林，是景观设计中较大一片区域以大量树木进行栽植的种植方式。林带可种植单一树种，也可混合种植不同树种。林带多应用于园林或公园大面积的安静休闲区、风景游览区、疗养区和防护林等区域。按照林带的种植密度可分为密林和疏林两类。

图2.61　林带

1) 密林

密林植株密度较高，日光透射率低，林下土壤潮湿，地被含水率高，质地柔软。密林的种植对于调节气候、促进生态环境的健康发展有较好的作用。密林一般不适宜大批量游客进行游览和活动。

2) 疏林

疏林较密林植株密度低，常与草地结合形成疏林草地。疏林草地夏季能够庇荫，冬季能够接受日光，深受人们的喜爱。疏林中的树种有较高的观赏价值，林下草坪含水率低，耐践踏。疏林草地可供游人进行多种方式的游玩和活动，例如观赏、野餐、棋牌、游戏、唱歌、跳舞等。

7．绿篱

绿篱是指灌木或小乔木以相同的行距、株距组成单行或双行紧密种植绿带的规则种植形式。绿篱在景观设计中应用极其广泛，居住区、道路、公园、广场等几乎所有场所都能够见到绿篱的应用。按照功能要求和观赏特性可分为常绿篱、落叶篱、彩叶篱、花篱、果篱、刺篱、蔓篱、编篱等。按照绿篱的高度可分为绿墙、高绿篱、中绿篱、矮绿篱4类。常见的应用于绿篱的树种有含笑、红花继木、黄杨、杜鹃、女贞、十大功劳等。

1) 绿墙 (图 2.62)

高度在一般人视高 1600mm 以上，具有遮挡人的视线的功能，常用于植物造景的墙界，能够作为花境、雕塑等的背景，同时具有不让人穿越的特点，起到围护和防范的作用。

图2.62 绿墙

2) 高绿篱 (图 2.63)

高度在 1200 ~ 1600mm 范围内，人的视线能够通过但是不能穿越，常用于组织和分隔空间。高绿篱具有较强的环境导向性，也常用于绿化屏障，起到美观和围护防范的作用。

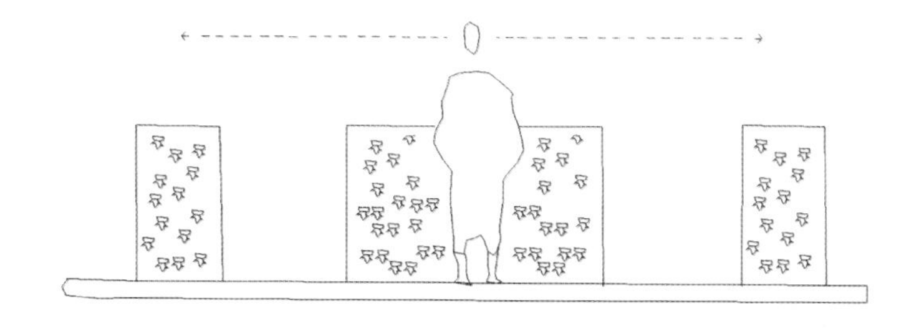

图2.63 高绿篱

3) 中绿篱 (图 2.64)

高度在 500 ~ 1200mm 范围内，是最常用的绿篱类型，常用于组织和分隔空间，形成较强的空间导向性，也能够将不同类型的树种进行搭配并修剪成型，形成具有序列、韵律、图案等层次丰富的景观特色。

图2.64 中绿篱

4) 矮绿篱 (图 2.65)

高度在 500mm 以下，人可以轻易跨越。矮绿篱常与花卉、树木等进行组合搭配，不仅能够充当花境的“镶边”，还能够与花坛和草地进行搭配设计并修剪成层次丰富的图案和花纹，形成具有活力、动感、装饰性强的景观效果。

图2.65 矮绿篱

8．花坛(图2.66)

花坛是指在具有一定几何轮廓的种植床内种植各种不同类型的植物，以形成精美图案的配置方式。花坛种植植物主要选择色彩丰富、形体优美的植物，以 1 ～ 2 年生草本花卉为主，也可以用灌木、小乔木进行搭配种植。1 ～ 2 年生草本花卉需种植土厚度为 200 ～ 300mm，多年生花卉、灌木等需种植土厚度为 400mm。为了便于排水，种植床内应有一定的坡度，一般采用 3% ～ 5% 的坡度排水。花坛边缘的装饰材料可根据场地和环境要求的不同分别采用砖、花岗岩、防腐木、不锈钢等材料，常见花坛花卉和植物有三色堇、石竹、雏菊、一串红、鸡冠花、羽衣甘蓝等。

花坛按照不同的主题可分为花丛花坛、模纹花坛和混合花坛 3 类。花丛花坛以花卉群色表现繁花似锦的景观特色，多以花期一致的 1~2 年生花卉进行搭配。模纹花坛以不同色彩的观叶或观花植物配置成各种不同主题的精美图案，比如文字花坛、图徽花坛、肖像花坛等。混合花坛是将花丛和图案进行组合，形成丰富而有层次的景观。

花坛按照规划方式可分为独立花坛、组群花坛、带状花坛、立体花坛等。独立花坛一般采用平面几何形状，面积不宜太大，长短边比例不超过3:1，多布置于广场中心、公园出入口、交叉路口等。组群花坛是由多个独立花坛组成的一个整体构图，其中的个体花坛之间可以通过草坪、地面铺装进行连接，常与景观小品、雕塑、假山等结合成景。带状花坛是长宽比例大于3:1的长条型花坛，常用于观赏花坛的镶边以及道路两旁的绿化装饰带。立体花坛是多层次、立体化的组合方式，主要表现色彩、图案、立体造型、空间变化等。

9．花境(图2.67)

花境是在长形带状、具有规则轮廓的种植床内用自然种植方式进行植物配置的方式。花境兼备规则的种植床和自然式的种植方式的布局特点，是从规则式构图过渡到自然式构图的一种种植方式。花境常用多年生花卉和观花灌木表现观赏植物的自然美的。

图2.66　花坛

图2.67　花境

10．花池、花台(图2.68)

花池是种植床和地面高程相差不大的设施小品，常与山石、雕塑等组成庭院或局部小景。花台的种植床进行了一定的抬高，以缩短人在视线高度的观赏距离。花台也常用花卉搭配山石、树木、雕塑等形成层次错落的景观特色。

图2.68　花台

2.4.3　设计要求

植物配置成景在景观设计中具有较高的观赏价值，其具有分隔空间、装饰美化环境的作用。设计时要根据地域土壤和气候条件进行合理的配置，以充分发挥其功能并达到美化环境的效果。

1．总体布局

植物配置需要从总体上进行把握，不仅要考虑总体空间的布局，还要从竖向设计、天际轮廓线等多方面综合考虑，使植物被配置成从远处看到的是整体效果，近处看到的是丰富多姿的个体效果。

2．空间划分(图2.69)

空间是环境设计的灵魂，植物配置也具有很强的空间划分的作用。利用植物形体的大小、姿态、高低、疏密等方式对空间进行划分、围合和分隔，满足不同空间功能的需求。通常利用植物的搭配能够形成开放、半开放和私密的空间，也能够形成水平、竖向和立体的空间，利用植物的排列方式还能够起到强烈的引导作用。

图2.69　利用植物配置划分不同的空间

3．密度搭配(图2.70)

植物株距行距主要由成年的树木树冠冠径来决定。种植的密度根据植物景观要求进行调整，未成年树木要取得近期效果可以使种植密度大些，但是树木成年后过密的间距会影响树木树冠和树形的正常形成，因此，合理进行植物密度的设置也是使植物景观长期良性发展的基础。

图2.70　密度搭配

4．生态要求

种植植物前应该根据地域、气候、土壤等环境进行植物种类的选择，使种植植物的生态习性能够较好地适应当地的生态条件，并对当地的长期生态环境和生态圈的可持续发展起到协调和促进的作用。

2.5　建筑物与构筑物

建筑物是供人们在其空间中进行生产、生活和其他活动的房屋，例如住宅、办公楼、博物馆、医院、工厂厂房等。构筑物是人们不直接在其内进行生产、生活活动的建筑，例如水塔、桥梁、堤坝、挡土墙等。建筑物和构筑物是城市的主要空间构成细胞，构成了城市的空间主体，也能够形成城市强烈的景观意象，比如美国的白宫建筑、北京天安门、西藏布达拉宫、巴黎埃菲尔铁塔等都是城市的主要景观意象。建筑物与构筑物可以通过单体造型、群体组合，与其他景观设计元素植物、道路、景观设施和小品进行合理搭配，形成综合的景观艺术形象。建筑物与构筑物往往也是主要的视觉核心，对整个景观构成起主导作用(图2.71)。

图2.71　建筑在景观中的主导作用

2.5.1 建筑物

1. 分类

按照建筑的使用性质可分为居住建筑、公共建筑、工业建筑和农业建筑4类。居住建筑属于大量性建筑，包括住宅和集体宿舍两类。公共建筑包括办公楼、旅馆、展览馆、体育馆、商店、影剧院等。工业建筑包括工业厂房、仓库等。农业建筑包括种子库、拖拉机站、牲畜养殖场所等。按照建筑层数可分为低层建筑、多层建筑、高层建筑和超高层建筑。其中1～3层属于低层建筑，4～6层属于多层建筑，总高度超过24m的非单层建筑为高层建筑，总高度超过100m的为超高层建筑。按照建筑物的结构材料和形式可分为砖木结构、砌体结构、钢筋混凝土结构、钢结构、充气结构、膜结构、网架结构、悬索结构、仓体结构等(图2.72)。

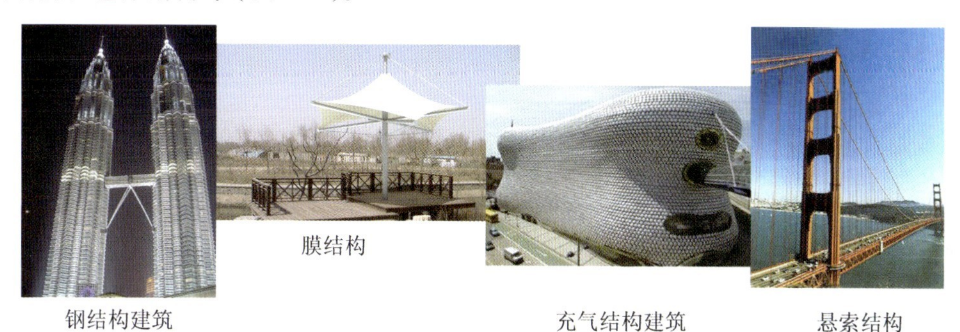

图2.72 建筑结构形式

2. 设计要求

1) 融合

建筑物的场地环境是建筑设计的重要依据，建筑物应该与地形、自然环境、周边的建筑形态、色彩等方面相融合，同时还能够继承和延续历史和人文环境的良性发展，充分体现地域文化和尊重地方文脉(图2.73)。

2) 强调

强调是指建筑物在与环境相协调融合的同时，还应突出其在整个环境中的主体地位。通常通过新旧建筑的对比、新颖的造型、装饰材料、建筑色彩等方面进行强调，使建筑成为景观构成的主导元素，从而引导将整个环境综合设计成为统一的景观特色。

3) 生态节能

在有限能源过度利用的今天，建筑设计应该把建筑看成一个生态系统，多利用自然能源和洁净能源，比如太阳能、风能等，通过建筑物内外空间中的各种物质因素，使物质和能源在建筑生态系统中有机循环，形成一个高效、低能耗、生态平衡的建筑环境。建筑节能是指通过进行合理的建筑布局和利用节能材料，达到减少建筑能耗的目标。目前生态节能技术在建筑物和环境设施中应用广泛，比如太阳能售卖亭(图2.74)、太阳能公交车站等。

图2.73　建筑融合环境

图2.74　太阳能售卖亭

2.5.2　构筑物

1. 分类

按照构筑物的功能可分为桥梁、堤坝、挡土墙等。

1) 桥梁

按照结构方式可以分为斜拉桥、拱桥、悬索桥等。按照材料可分为钢桥、混凝土桥、石桥、木桥等。按照桥梁的功能可分为交通桥和景观桥，景观桥兼具交通和景观的作用，景观设计中常见的有栈桥、风雨桥(图2.75)、拱桥、曲桥等。桥梁设计应结合具体的环境情况、水景类型、交通流量等选择不同类型的桥。

图2.75　程阳风雨桥

2) 挡土墙(图2.76)

挡土墙是在地势的高差较大时用来阻挡标高较高的地势而增加的墙体，主要目的是为了保障场地的安全。利用挡土墙在空间的营造中能够形成层次丰富的景观空间，坡度或高差会产生明显的变化，形成动态的景观特征。

图2.76　挡土墙

3) 台阶与坡道

台阶和坡道是组织不同高程地坪之间人流交通的主要方式。在场地环境设计中，台阶和坡道主要起到引导、划分空间的作用，同时也是营造丰富的变化空间的构成元素。室外台阶较长时应设中间休息平台，从安全角度考虑，一般不宜设置一级台阶，同时一级台阶不宜超过 18 级。台阶坡度较大时应设栏杆和扶手。坡道分为行走坡道和无障碍坡道 (图 2.77)，公共建筑一般都需要设置无障碍通道，在设计时要保证无障碍坡道有合理的位置和尺度。台阶和坡道常常结合布置，形成生动的坡道景观。

2．设计要求

构筑物设计要求与建筑物设计要求相同，但构筑物除了自身能够成为视觉景观中心外，更多的是在场地环境中起到辅助和引导的作用。构筑物的类型除了常见的桥梁、挡土墙、台阶与坡道外，还包括墙体、隔断、入口等，在设计时应注意处理好构筑物与地形、建筑、道路、植物等多种元素之间的关系，使各部分相互融合，集交通、装饰、休闲交流等多种功能和景观艺术为一体。

2.6 景观设施与小品

景观设施与小品和人类的生活息息相关，它既具有一定的使用功能，满足特定的功能服务需求，又具有很强的装饰功能和艺术欣赏价值。景观设施和小品通常体量较小，用材广泛而丰富，能够体现丰富、变化、立体的造型艺术，因此成为人们生活中最常见、应用最广泛的景观元素。

2.6.1 分类

按照景观设施和小品的功能不同，可分为休息设施与小品、游戏设施与小品、运动设施与小品、服务设施与小品、管理设施与小品、观赏设施与小品等。

1．休息设施与小品

休息设施是户外环境重要的景观设施之一，主要包括座椅、休息亭、长廊等。其不仅能够满足人们休息、观赏的需要，还能够利用自身的造型，成为环境的观赏景点，体现各异的风格特色。

1) 座椅

座椅是常见的户外环境休息设施，被广泛应用于公园、广场、步行街中，位置一般靠近步道。座椅按照容量可分为单人座椅、双人座椅、三人座椅、多人座椅等。椅面长度一般以单人 600mm 的尺寸为单位，双人座椅 1200mm 左右，三人座椅 1800mm 左右，椅面宽度 400 ～ 500mm，椅面高 300 ～ 400mm，如有靠背，高度一般为 400 ～ 600mm 左右 (图 2.78)。座椅按照材质可分为石椅、木椅、不锈钢椅、铁艺座椅、混合材料座椅等 (图 2.79)。

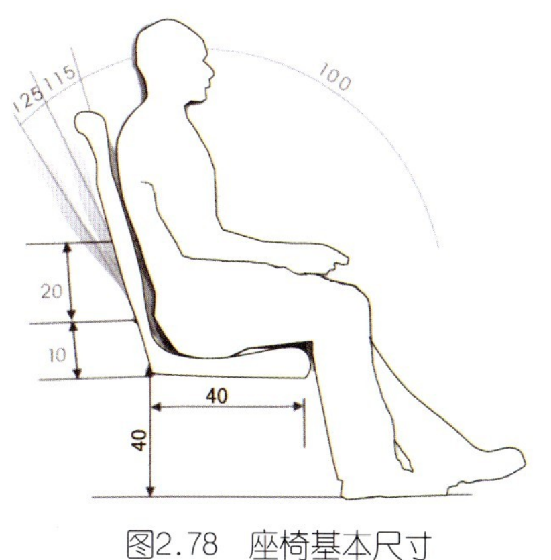

图2.78　座椅基本尺寸

图2.79　不同材质的座椅

图2.80　亭子

座椅要根据具体景观环境的需要进行集中设置或者分散布置，座椅的位置、大小、色彩、材质等要与整个环境协调统一。座椅通常可以结合树池、花池、护栏、景观小品等进行组合设计，形成具有特色而完整的环境景观。

2) 休息亭

亭子是有顶无墙，供游人休息的建筑物(图2.80)，多建于园林、公园里。亭子高度宜为2.4～3m，宽度宜为2.4～3.6m，立柱间距宜在3m左右。中国的亭子历史悠久，风格独特，具有檐角起翘、轻巧轻盈的美观造型。按照亭子的平面形式可分为三角亭、方亭、多角亭、圆亭等(图2.81)。亭子一般易单独设置，位置常在高处，除了满足游人的休息功能外，还能够满足游客俯览景色的需求。休息亭常与花架、连廊等相结合，形成连续的景观特色。

图2.81 亭子的平面形式(石宏义，《园林设计初步》，2006)

3) 廊

廊是指屋檐下的通道，或者独立的有顶的通道(图 2.82)，按照形式可分为直廊、曲廊、波形廊和复廊等，按照位置可分为沿墙走廊、爬山走廊、水廊、回廊和桥廊等。廊的高度一般宜为 2.2 ～ 2.5m，宽度宜为 1.8 ～ 2.5m。廊是环境中进行空间分割和组成的重要手段，具有遮阳避雨和游憩的功能。廊是“通透”的建筑，能够形成半围合的空间。中国传统的廊亭主要采用木结构或仿木结构，现代廊亭常采用钢结构、砖石结构和钢筋混凝土结构等。廊常与亭、桥、花架、建筑相结合，起到相互穿插和联系的作用，同时又是环境中的景观导游线。

2. 游戏设施与小品

游戏设施与小品包括各种大小型游具，如秋千、滑滑梯、蹦床、电动游乐设施等(图 2.83)。游戏设施常应用在游乐场、公园游戏区、广场游乐区、儿童乐园等。游戏设施针对的对象主要为儿童和青少年，并且一般采用集中布置方式。分散的一些游戏设施主要通过结合景观小品，比如雕塑、座椅、台阶、坡道等来形成具有游戏、休憩、观赏等多种用途的景观设施。

图2.82　廊

图2.83　各种游戏设施

3．运动设施与小品

运动设施与小品包括各类健康运动器械、球场、泳池、田径场、操场等(图 2.84)。健康运动器械主要包括耐力类器械、局部肌腱器械和放松器械等，球场包括羽毛球场、网球场、篮球场等。运动设施被广泛应用在居住区、公园、学校、城市运动区域等中。对于运动设施中的相同或相似类型宜进行集中布置，并在运动设施周边留出充足的进行交通和放松活动的场地。

图2.84　运动设施与小品

4. 服务设施与小品

服务设施主要为人们提供便利服务，具有体量较小、占地面积少、分布广、使用方便等特点。常见的服务设施包括小卖店、公共厕所、垃圾箱、电话亭、饮水台等。服务设施是城市景观的点缀(图 2.85)，能够起到服务、教育、美化等作用。服务设施主要分布在城市街道、公园、游乐场、步行街、广场等区域中，位置主要设置在步道上或较易发现的地方，公共厕所的设置要求既能较易的被游人发现，又能稍微隐蔽以隔离气味。服务设施和小品也常利用自身的造型变化成为环境中的观赏小景点。

图2.85 服务设施与小品

5. 管理设施与小品

管理设施与小品主要起到引导和规范人们在户外环境中的行为和活动的作用，主要包括围护设施、照明设施、标识设施、音响设施、宣传设施等。

1) 围护设施(图 2.86)

围护设施主要包括大门、围墙、护栏等，是进行空间围合和分隔的重要手段。围护设施被广泛应用于公园、居住区、游乐场等边界范围，护栏主要起到保护和隔离的作用。大门和围墙的形象有对外宣传的作用，因此不仅要与环境相协调，更要通过这个窗口突出设计主题。围墙按照通透程度可分为实体围墙和通透围墙，按照材料可分为砖砌围墙、金属围墙、木质围墙等。围墙高度一般为 2000 ~ 2500mm, 并常和灯具、绿化相结合，以综合利用有效空间并形成较有层次的景观效果。护栏多用于开场空间的分隔，并起到保护的作用。按照材质不同可分为石材护栏、木材护栏、金属护栏、混凝土护栏等。室外环境中的护栏高度一般不低于 900mm，可以结合台阶、坡道、花坛、树池等形成造型多变的护栏景观。

2) 照明设施(图 2.87)

要将最适当的照明设施的机能与作用表现出来，以营造出适合环境的照明气氛。照明设计能够让空间的使用者正确地认识对象，了解周围的情况。照明灯具白天可以通过造型和色彩成为景观点缀，夜间可以实现照明功能，又能够形成丰富的空间层次和色彩，产生夜景与白天的景色与众不同的效果。

图2.86　围护设施

照明设施根据其适用场所可分为道路照明、场地照明、装饰照明、安全照明、特写照明等类型。

(1) 道路照明是功能性和目的性都很强的照明方式，尤其是在夜间能够为驾驶人和路人提供一个视觉安全的可靠保障。道路照明主要分为车行照明、人行照明(图 2.88)。根据道路级别和应用的场所不同，道路对照度的要求也不一样。比如车行主干道与支路的照明要求就有所区别。一般来说，车行道的平均照度主要为 10 ~ 30lx，人行道的平均照度为 5 ~ 20lx，常规照明的灯杆高度为 15m。要使路面亮度均匀，经济合理，在很大程度上取决于灯具的合理配置，对于不同宽度的道路，可采用不同排列方式的灯具组合。比如道路单侧排列最大灯距为 12m，双侧交错排列最大灯距为 24m，双侧对称排列最大灯距为 48m。道路照明光源主要选择钠灯和金属卤化物灯。高杆照明常位于交叉路口、广场、停车场、汇合点等场所，灯具高度一般为 15 ~ 40m。

图2.87　照明设施

图2.77 无障碍坡道

图2.88 人行道照明

(2) 场地照明主要为各类球场，包括网球场、羽毛球场、排球场、篮球场等提供照明服务。运动场地照明要求布光均匀、无眩光。可以根据各种体育项目不同的特点、所需要的运动空间及运动速度，选择相应的照度和照明方式。正式比赛时不同的运动项目的照度范围为 350 ～ 1000lx。按照运动项目对照明的要求可以将照明方式分为直接照明和间接照明。

(3) 装饰照明除了满足一定的照明功能外，更主要的是通过照明设备的造型、色彩和动感上的变化，对建筑物外立面、广告、橱窗、草坪灯进行装饰 (图 2.89)。装饰照明还常与音乐、喷泉、雕塑、草坪等结合形成生动的景观特色。

图2.89 装饰照明

3) 标识设施

标识设施主要包括各种引导牌、指示牌、说明牌、地图等 (图 2.90) 以使游人尽快熟悉环境并能够准确地到达目的地。标识设施也是体现地域文化的窗口，通过标识设施传递出来的各种信息，能够让环境具有较强的亲和力。标识设施可以通过文字、绘图、记号、图示、色彩、造型等变化来体现标识设施的装饰性和艺术性(图 2.91)。

图2.90　标识设施

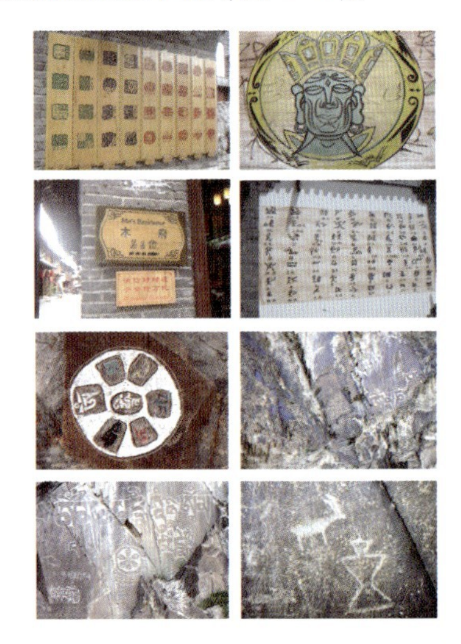

图2.91　标识的装饰性和艺术性

4) 音响设施(图 2.92)

音响设施常分布于公园、游乐园、居住小区、广场等环境中，通过播放与背景环境协调的音乐能够增加欢乐而轻松的气氛。音响设施除了在造型上可以结合环境进行设计外，还常与照明设施、景观雕塑和小品结合成为综合景观设施。

5) 宣传设施(图 2.93)

宣传设施包括各类橱窗、宣传栏、广告牌、户外大型广告等，主要分布在人流相对集中的地方以及交通路线上。宣传设施可以与绿化、花坛、雕塑或其他小品设施结合，形成造型新颖轻巧的景观形象。

图2.92　音响设施

图2.93　宣传设施

6．观赏设施与小品

观赏设施与小品主要包括各类雕塑、公共艺术品以及所有景观设施造型所体现出来的优美视觉感受形态(图 2.94)。雕塑常常是景观环境的视觉中心，给人们带来美观的感受同时也丰富了人们的精神生活。景观雕塑应体现地域文化特征，使之与整个环境风格相协调。按照景观雕塑的不同艺术表面形式可分为具象雕塑和抽象雕塑。具象雕塑主要表现为具体的对象，比如动物雕塑、人物雕塑等；抽象雕塑主要表现为一些抽象的符号、图案、形体等，以形成较强的视觉冲击效果。按照雕塑的材料可分为石材雕塑、木材雕塑、金属雕塑、陶土雕塑、玻璃雕塑等。雕塑常常与水景、标识设施、照明设施等相结合，成为立体生动的景观景象。

图2.94 观赏设施与小品

2.6.2 设计要求

1．功能要求

景观设施和小品涉及的种类多，应用范围也最广泛。设计时要满足人们活动和行为的需求，把握好布局和尺度的关系，同时还要满足人们的心理需求，考虑到人的归属感、舒适感和私密性等心理需求。此外，通过造型设计能够丰富景观视觉层次，美化景观环境，创造良好的生活环境。

2．融合环境

景观设施与小品是与周围环境作为一个系统来被人们认识和感受的，因此必须保证景观小品与周围的环境融合，避免在风格、色彩以及空间关系上发生冲突。

3．空间组织

通过景观设施和小品的良好组织还能够对环境空间进行功能划分和流线组织，为人们在公共空间交流、活动提供良好的平台。

4．艺术品质

通过某些景观小品如雕塑作品能够集中体现景观设计的艺术性，通过塑造景观设施和小品的艺术品质能够提升景观的可识别性，体现地域文化特色，彰显景观艺术的魅力。

本章小结

地形地貌	1．地形地貌是景观设计的依附载体和结构骨架，狭义的景观设计中的地形主要指微地形 2．地形包括平地、坡地(缓坡、陡坡)、其他地形等
道路设计与地面铺装	1．道路是景观设计的主要“脉络”和“血管”，主要功能是满足交通和疏散的需要 2．道路的路面板块组成以及类型(主干道、次干道、支路等)要满足设计要求 3．道路设计要注意路面、边界和节点的处理 4．道路设计要遵循连续性、导向性、动态性的原则 5．地面铺装中的整体铺装和块材铺装的类型和设计要求
水景	静态水景和动态水景的类型、设计要求以及应用
种植设计	1．常见植物的分类原则 2．常见乔木、灌木、藤本、花卉、竹类、草坪地被、水生植物的类型 3．植物配置方式中的孤植、对植、丛植、群植、列植、林带、绿篱、花坛、花境、花池花台等的具体设计原则
建筑物与构筑物	1．建筑物的分类以及设计要满足相应的规范和要求 2．构筑物桥梁、挡土墙、台阶与坡道等的类型以及设计要求
景观设施与小品	休息设施、游戏设施、运动设施、服务设施、管理设施、观赏设施的类型以及设计要求

思考题

1．如何利用自然地形创造出生动和丰富的景观空间形态？

2．路面板块包括哪几个部分，如何组织和排列？

3．举例说明整体地面与块材地面各自的优缺点。

4．举例说明静态水景与动态水景的结合方法。

5．乔木和灌木在景观设计中的应用有何区别？

6．举例说明常见景观花卉的类型及应用。

7．景观设施与小品包括哪些类型？它们对人们的日常生活有何影响？

练习题

1．收集和考察各类型的地形地貌资料，分析其类型和特点。

2．实地调研身边常见道路分类及等级，了解道路设计要求。

3．实地调研身边常见植物，将这些植物进行分类，并对它们的名称、树形、生活习性和应用进行统计。

4．实地调研身边的水景类型，掌握水景的设计原理。

5．运用植物进行孤植、对植、丛植、群植、列植的排列以及设计练习。

6．实地调研身边各类景观设施，并将它们进行分类整理，掌握景观设施的应用方向和原则。

7．选择小庭院或者水景一角进行地形、道路、铺装、植物、水景、景观设施等的平面组合设计。

第3章 景观设计与构成

知识目标

■ 掌握景观设计构成的形式美设计法则。

■ 掌握景观设计平面构成、色彩构成、立体构成基本原理及应用。

景观设计过程也是一个从抽象思维、逻辑思维向具体景观实物转化的过程，即首先从平面视觉效果开始，到表现元素的色彩视觉效果，到表现元素的体量与空间的关系，通过对景观设计基本要素进行功能分析与组合、在形式美的设计法则指导下形成的最终的创造性景观成果的过程。本章主要讲述对景观设计起着至关重要的三大构成理论以及形式美的设计法则。

3.1　构成的由来

构成的出现为现代景观做出了重要的贡献。构成艺术是景观设计的重要基础，景观设计中的元素构成是遵循人的心理与视觉规律、材料的结构与力学原理、造型的美学法则等原理的综合应用。构成形成以来在设计领域得到了广泛的应用。

构成是构成艺术设计的简称，它包括平面构成、色彩构成和立体构成，主要是对形态进行研究、组织和认识并对形式美的创作表现起积极的指导作用。构成设计产生于20世纪初，其中3个重要的源头包括俄国十月革命后的构成主义运动、荷兰的风格派运动和以德国的包豪斯设计学院为中心的设计运动。相对于俄国的构成主义和荷兰的“风格派”，德国包豪斯无疑是影响最大的一个。虽然它是在前两者的基础上发展起来的，但它在现代设计的各个领域——从建筑设计、工业产品造型设计、平面设计、首饰设计到家具设计，从理论到实践，乃至于到教学，全面地对现代设计的发展作出了贡献。

包豪斯构成课的表现形式，是按照荷兰风格派的主张“一切作品都要精简化为最简单的几何图形如立方体、圆锥体、球体、长方体、或是正方体三角形、圆形等”来进行实践，进而把这种几何表现形式推广到设计中。在三大构成中，平面构成主要是在二维空间中描绘形体，是对平面图形艺术美感的研究和创造。色彩构成则是研究二维、三维空间中有关色彩各个构成要素的相互关系。立体构成是形态构成的立体表现，主要研究三维空间中的设计内容。

1919年，德国创建“包豪斯”学院，建筑设计师格罗皮乌斯提出了“艺术与技术的新统一”的教育口号，并在“包豪斯”学院最早设立了以“构成”为基础的课程。包豪斯为了加强现代设计理论基础及介绍综合性的美学思想，于1925年开始编辑出版了“包豪斯”丛书，传播包豪斯的现代设计教育思想以及新的设计教育计划和方法。伴随着包豪斯学院构成课程的开设，构成理论逐步走向成熟，一种与古典精神完全相悖的简洁、理性、实用、经济的全新建筑形象出现了，这就是以格罗皮乌斯、勒·柯布西耶、密斯·凡·德罗、赖特4位大师作品为代表的现代建筑。无论是标志现代建筑新纪元的格罗皮乌斯设计的包豪斯校舍，还是勒·柯布西耶的萨伏依别墅、赖特的流水别墅、密斯·凡·德罗的巴塞罗那博览会德国会馆都突破了古典的构图形式与烦琐的样式，他们都认为空间是主角，建筑形象应以直线条的简洁形式出现，这种理性的构图法则反映出一种纯几何式的构成关系。

包豪斯使现代设计思想传遍全世界并使之修成“正果”，它不只是遗存在历史中，它犹如不死的火凤凰，纵观当今各国的设计创作和设计教学，人们仍可以见到其时时闪烁的光芒。包豪斯是一座设计的丰碑，它以建筑为主干，围绕“艺术与技术的新统一”的核心思想，从他自身的建筑造型出发，为现代设计开启了形式与观念的先河，为现代建筑设计奠定了简略原则的造型样板。包豪斯的现代设计教育思想一直影响着世界的设计发展，其中当然也包括景观设计。它因此被誉为现代设计的摇篮。

3.2　构成的形式美法则

美的形式法则，是一切造型设计活动不可缺少的重要原则，在设计领域中的各个方面指导着人们进行艺术实践。但凡设计，不论是何种类型的设计，都要表现其美感。美的表现形式大体可以分为两类：一类是有秩序的美，“和谐”之美，是中国传统艺术和西方古典艺术的最高审美标准；另一类是打破常规的美，是个别的、另类的、“非理”之美，与和谐之美水火不容，但也是很突出的一种表现形式。这两种表现美的形式都能给人以视觉刺激作用，是人们在长期劳动实践和审美实践中总结出来的法则，是一切艺术创作的审美法则。景观设计作为一门研究造型设计的学问，其理论认为认真地研究美的形式法则是非常有必要的，通过归纳4组相对的审美法则，借助它们去衡量造型设计中的美感状态，从而掌握创造美、欣赏美的技能。

3.2.1 变化与统一

变化与统一的法则，是构成设计形式美的最基本的原则，也是一切造型艺术的一条普遍的原则和规律。

1．变化是一种对比关系(图3.1)

构成设计讲究变化，在造型上讲究形体的大小、方圆、高低、宽窄的变化；在色彩上讲究冷暖、明暗深浅、浓淡的变化；在材料上讲究轻重、软硬、光滑与粗糙的质地变化。在景观中，异质成分多，对比关系占主导。在对比关系的问题上应该注意：对比太轻微，会产生柔和、模糊不清的视觉效果；对比太强烈会产生刺激、不协调的视觉效果；以上这些对比因素处理得当，能使设计的造型给人以一种生动活泼、富有生气之感。反之，对比太强烈会产生刺激、不协调的视觉效果，处处对比等于没有对比；过分变化容易使人产生杂乱无章的质感。在使用过程中，一定要注意对比的强度，以取得最佳的视觉效果。

图3.1 变化

2．“统一”是规律化，是一种协调关系(图3.2)

构成设计讲究统一，在设计时应该注意设计中形态、色彩、材料等各个要素之间的内在联系，把各个变化的局部统一在整体的有机联系中，使设计的造型有条不紊，协调统一。但不可过分“统一”，过分则显得呆板，没有生气，单调乏味。

图3.2 统一

在景观设计中，要做到整体统一，局部有变化。为了达到整体统一，在设计中使用的线形、色彩等可采用重复或渐变的手法(图3.3)。有规律地重复或渐变，能使设计产生既有节奏又和谐统一的美感。统一是一个大范围的概念，原则上说无论是何种景观都应该在统一这个大原则的指导下进行设计，无论点、线、面同时应用，还是单独运用，其景观要素在整体的组合上都要具有统一的特质。局部的变化，例如，使用线条时，同样的线条，应该注意疏密、粗细、长短的变化，平中求奇，使统一变化的原理在构成设计中得到有机的结合，使设计的作品达到既和谐而又富有生气的目的。

图3.3 有规律的重复形成的统一感

3.2.2 均衡与稳定

处于地球重力场内的一切物体只有在重心最低和左右均衡的时候，才有稳定的感觉，如下大上小的山，树的上细下粗四周平均分叉、左右对称的人等。另外建筑实践更证明了均衡与稳定的原则，并认为符合这一原则不仅安全，而且在感觉上也是舒服的。

1. 均衡

均衡分为静态均衡和动态均衡。静态均衡又有两种基本形式：一种是对称的形式；另一种是非对称的形式。对称均衡是以中轴线为界，左右或是上下为同形同量，完全相等，称之为对称(图3.4)。从自然形象中，到处都可以发现对称的形式，如人的形体就是左右对称的典型。它的特点是具有统一感，适合于产生静止的传统效果，具有很好的安定感。不足之处就是容易产生拘谨、呆板的感觉。对称以其严谨、敦厚、整齐、平稳的个性显示了它静态的平衡感，充分表现了庄重和怀念的含义，常被设计师用于纪念性景观和标志性景观。对称用于景观的整体布局，整个景观就有明显的轴线存在，对称具有严谨的构图，使整个景观具有人性化的严肃感，通常用于市政广场、人民公园及纪念性公园、校园。对称也用于局部构图，这个时候局部就会有明显的轴线或是对称点，如点的对称或线的对称、面的对称等，通常都在出入口的两侧、道路两侧、广场两侧等。在西方，特别是从文艺复兴到19世纪后期，建筑师几乎都倾向于利用均衡对称的构图手法来谋求整体的统一，例如印度泰姬陵(图3.5)、北京中国美术馆。

图3.4　对称

图3.5　泰姬陵

非对称均衡是视觉从形体的重量、大小、材质、色调、位置等的感知中所判断的平衡感觉，达到一种力的平衡状态。均衡是异形同量的组合，即分量相同，但形体的纹样和色彩不同。均衡的形式以不失重心为原则，它的特点是稳定中求变化。由均衡形式构成的设计容易产生活泼、生动的感觉。由于构图受到严格的制约，对称形式往往不能适应现代建筑复杂的功能要求，现代建筑师和景观设计师常常采用不对称均衡构图来进行景观设计。在中国古典园林中这种形式的构图应用的很普遍。例如颐和园十七孔桥，一端紧接龙王庙，一端稍远便是廊如亭，两者体量不同，但却给人以平衡感，形成不对称的均衡。承德避暑山庄烟雨楼也是不对称均衡构图的典型例子 (图 3.6)。

图3.6　承德避暑山庄

对称均衡和不对称均衡是在静止条件下保持的均衡，故称静态均衡。除静态均衡外，有很多现象是依靠运动来求得平衡的，例如旋转的陀螺、展翅飞翔的小鸟、行驶着的自行车等，一旦运动终止，平衡条件将随之消失，因而把这种形式的均衡称之为动态均衡 (图 3.7)。现代园林景观理论非常强调时间和运动这两种因素，并促使景观设计师去探索新的均衡形式——动态均衡，从连续进行的过程中把握景观的动态平衡变化。例如美国纽约肯尼迪机场，建筑师把建筑设计成飞鸟的外形，采用具有运动感的曲线等，将动态均衡形式引进建筑构图领域 (图 3.8)。

图3.7　动态均衡

图3.8　肯尼迪机场

2. 稳定

与均衡相联系的是稳定。如果说均衡所涉及的主要是景观构成中的各要素左与右、前与后之间相对轻重关系的处理，那么稳定所涉及的则是景观整体上下之间的轻重关系处理。随着科学技术的进步和人们审美观念的发展变化，人们凭借着最新的技术成就，不仅可以建造出超过百层的摩天大楼，而且还可以把古代奉为金科玉律的稳定原则——下大上小、上轻下重颠倒过来，从而建造出许多底层透空、上大下小，如同把金字塔倒转过来的新型建筑形式，例如具有稳定感的埃及金字塔(图3.9)，突破传统的稳定观的惠特尼美国艺术博物馆(图3.10)。

图3.9 金字塔

图3.10 惠特尼美国艺术博物馆

3.2.3 节奏与韵律

所谓节奏和韵律，原本是音乐、诗歌或是舞蹈中的声音或形状(动作)随着时间的流动而展现出来的一种令人舒心的秩序。人们可以理解为条理性与重复性为节奏准备了条件，节奏是带有机械的美。而韵律，是情调在节奏中起作用。比如拿声音来说，汽笛和汽车的喇叭声可以是节奏，但不像牧童吹笛那样带有韵律。因此，节奏可以被理解为简单的重复，而韵律则属于富有情调或意境的节奏，即有变化的重复。

1. 节奏

节奏的强弱变化与数列有密切的关系，等分、等差、等比及调和数列所带来的轻重缓急的节奏感都不尽相同。节奏的构成形式比较单纯，具有机械的美感。景观设计中常见的节奏有以下几种。

(1) 简单重复节奏，指同种因素等距反复出现的连续设计(图3.11)，如等距的行道树、等高距的长廊、等高等宽的登山台阶等。

(2) 交替重复节奏，指有两种以上因素交替等距反复出现的连续设计(图3.12)，如柳树与桃树的交替栽种、两种不同品种花卉的花坛的等距交替排列。

图3.11 简单重复节奏

2. 韵律

韵律是在节奏之上所要到达的更高境界，跟节奏的单纯比起来韵律的表现较为复杂，也更内在，被赋予了更多的情感。景观设计中常见的韵律有以下几种。

1) 渐变韵律 (图 3.13)

它指在景观布局中，某一部分的形态有规律地逐渐加大或变小、逐渐加宽或变窄，逐渐加长或缩短，如体积大小、色彩浓淡、质地粗细的逐渐变化。古代密檐式砖塔由上逐渐收分，许多构件往往具有渐变韵律的特点，如云南崇圣寺千寻塔 (图 3.14)。

图3.12　交替重复结构

图3.13　渐变韵律

图3.14　云南崇圣寺千寻塔

2) 突变韵律

它指的是景物处在秩序和序列化的状态下其中某一形态发生突变的构成形式，是局部打破秩序化的构成，在视觉上造成强烈的冲击，使突变部分得到突出和强调，给人以强烈的对比印象。

3.2.4 比例与尺度

1. 比例

比例是物体的局部与局部、局部与整体在形状、面积、体积、色彩、长度等因素上的数量对比关系。比例指一种事物在整体中所占的分量。世界公认的最佳比例是由古希腊毕达哥拉斯学派创立的黄金分割比，即无论从大小、长短或是在面积上的量的对比关系，其比值近似于1∶0.618。然而在人的审美活动中，比例的形式美在视觉上是在视觉心理活动，这是人类长期社会实践的产物，并不仅仅限于黄金分割比例关系。

在景观设计中，运用比例进行设计的方法有 3 种。

1) 模数比例

运用好的数比关系或是被认为是最美的图形，如圆形、正方形、正三角形等具有确定数量制约关系的几何形状。至于长方形，它的长和宽可以有不同的比，这就存在一个什么是最佳比的问题，经过长期的探索发现，长宽比为 1 ∶0.618 的长方形最为理想。如希腊建筑，黄金比例是希腊建筑美的基准 (图 3.15)。运用模数比例关系，不仅能取得好的比例效果，也给建造施工带来方便。

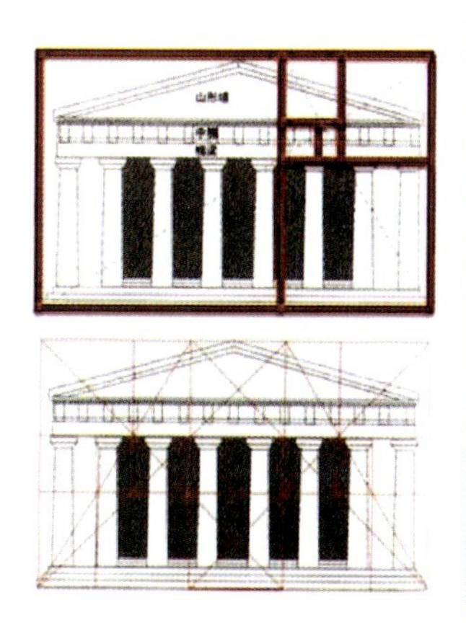

图3.15　希腊建筑的黄金比例

2) 相同比例

它指的是若干毗邻的矩形，如果它们的对角线相互平行或垂直，就是说它们都是具有相同比例的相似形，一般可以产生和谐的关系。因为通过对古希腊神庙的分析，发现许多部分都符合这种比例关系。

3)“推敲”比例

它指的是关于比例的优劣很难用数字作简单的规定，建筑形象所表现的各种不同比例特点常和它的功能内容、技术条件审美观点有密切关系。所谓良好的比例，是指整体和各部分之间，某部分的长、宽、高之间，具有和谐关系。要做到这一点，就要对各种可能性反复地进行推敲进行比较，力求做到高矮均匀，宽窄适宜。

2. 尺度

尺度是造型物及其局部的大小与本身用途以及周围环境特点相适应的程度，也是指设计物体与人体之间的大小关系和设计物体各部分之间的大小关系而形成的一种大小感。建筑中有一些构件是人经常接触或使用的，人们熟悉它们的大小，如门扇一般高为 2 ~ 2.5m，窗台或栏杆一般高为 90cm 等。这些构件就像悬挂在建筑物上的尺子一样，人们会习惯地通过它们来衡量建筑物的大小。在景观设计中，运用尺度规律进行设计的方法有 3 种。

1) 自然的尺度 (图 3.16)

它指在设计中让景观表现出本身自然的尺度，使观者能度量出自身的正常存在，如一般的住宅、中小学校园等。中小学校园的景观环境强调亲切如家园，活泼如乐园，因此在尺度上，楼层高度上不宜过大过高，避免过大尺度造成的压迫感，以符合青少年学生认知心理的发展需要。

图3.16　自然的尺度

2) 超人的尺度 (图 3.17)

它强调高大与雄伟，使人感到渺小，它往往由简洁的形和巨大的尺寸来构成。它企图使一个建筑物显得尽可能的大，设法使一个单元的局部显得更大，更强，超越自然的尺度，使人们仰慕某种过人的高大，产生崇畏与崇拜的感觉。某些宗教、历史、社会、民族等重大主题的景观设计在尺度上适于用“超人的尺度”，通常表现在大教堂，纪念性建筑。而本该予人以亲切感的风俗性景观，却摆出纪念碑的尺度，会使人生厌。

图3.17　超人的尺度

3) 亲切尺度 (图 3.18)

它是依据人类或视觉环境的因素，调整到令人感到亲切的尺度，它使人们感到可以亲近可以触摸，不会产生心理上的排斥。例如配合学童在使用上的需要，如上下楼的阶梯，图书馆的空间设计等，能从孩童的人体工学去设计大小适当的空间，使孩童觉得方便舒适。而本该令人敬畏的宗教作品却作亲切化处理，会达不到令人震撼的视觉效果。

在景观设计中，人们还应该注意尺度与环境的相对关系。如一件雕塑在展厅内显得气魄非凡，移到大草坪、广场中则会感到分量不足，比例尺度欠佳。一座大假山在大池上临水而立显得奇美无比，而放到小庭院里则必然感到尺度过大，拥挤不堪。这都是环境因素的相对关系在起作用。

图3.18 亲切的尺度

构成的审美法则在景观设计中的应用非常的广泛，在同一景观的设计中不会是单一的某一种图形或形式美法则的应用，而是多种图形的形式美法则的综合运用，协调处理才能构成一个和谐完美的画面。随着时代的发展，新技术、新材料、新观念的产生，对形式美的法则也将有新的或更深入的认识，因此，既要了解各种不同的形式美法则，又要避免教条和呆板地对待法则和规律，如果规律和规则成了教条，那么设计艺术创作也将停滞不前。

3.3 平面构成

随着景观设计的不断发展，对景观的艺术性要求越来越高，因此平面构成被越来越多地应用到景观设计当中。进入 21 世纪，我国经济逐渐繁荣和环境意识也不断提高，各项建设事业面临着新的机遇和挑战。景观作为一种精神生活的载体，无论是设计形式还是设计手法都更加丰富多样。随着对外交往的增加，西方景观的特色，使人们的视觉受到一定的冲击，并且对西方景观的设计手法有了一些借鉴。

3.3.1 平面构成的基本造型元素

平面构成最典型的运用就是通过简洁的几何学语言形式来进行抽象设计。康定斯基指出：“一切艺术的最后抽象表现是数学。”因此，作为几何形态的点、线、面就成为平面构成必然的基本造型元素。点、线、面是形体归纳的极限，具有极端的视觉单纯性和抽象性，除了几何形态的点、线、面以外，不可能再有其他更为简化的视觉形式，运用这种理念形态就可以完全不受构成元素具象性的束缚和干扰。点、线、面在几何里有精确的概念和定义。作为平面构成的基本造型元素，它们已不仅仅是几何中的概念。在视觉艺术的领域里，点、线、面有其独特的效果和美学价值。

点、线、面在构成中都能够单独组合成纯点、纯线或纯面的构成造型，要想熟练掌握、运用点、线、面的构成方法，首先必须充分了解点、线、面这 3 个元素各自的属性，唯有如此才有可能在设计之中掌握自如，真正驾驭构成设计的思绪。

1. 平面构成的基本造型元素——点

点是一切物体在视觉上所呈现的最小状态，当一个形状与周围的形状相比较小时，它就可以看成是一个点。在景观设计当中，点通常是以景点形式存在的，如亭台楼阁、雕塑、孤植树、山石等。

1) 点的视觉特征

(1) 形状的不同。

(2) 大小的不同 (面积、体积)。

(3) 聚散分布的不同。

(4) 色彩、肌理的不同。

2) 点的视觉功能

(1) 定位性 (图 3.19)。点的优点在于集中，在视觉上具有凝聚视线的特性，易引起人的注意而成为视觉的中心。

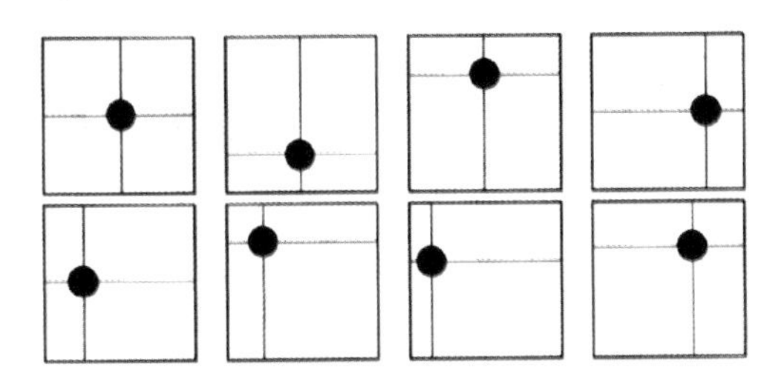

图3.19 点的定位性

(2) 点缀性 (图 3.20)。点具有灵活多变的特性，可以打破大面积的单调、乏味，极大地丰富设计中的视觉效果。

图3.20　点的点缀性

(3) 点的线化 (图 3.21)。点的连续排列可以形成虚线，产生若隐若现的视觉效果，与“实线”相比显得更加柔和、抒情。

图3.21　点的线化

(4) 点的面化 (图 3.22)。点的密集可以形成虚面，虽然在视觉上没有“实面”那样的结实、厚重，但虚面所具有的空灵、韵律感是实面所不具备的。

图3.22　点的面化

在景观构图中，在功能分区和游览内容的组织上，景点起着核心的作用，它成为观者视线的焦点。两个点在同一视域或空间范围内，观者的视线会将其联系起来，这就是对景。

2. 面构成的基本造型元素——线

线是点移动的轨迹。在数学几何中所指的线是没有宽度的，可在视觉艺术中任何形的长比宽大时，就可以视为线。在景观设计中，用线可以变现起伏的地形线、曲折的小路、蜿蜒连绵的河岸线、严整的广场线、简洁的屋面线等(图 3.23)。

图3.23　面构成的基本元素——线

1) 线的视觉特征

(1) 形状的不同(规则线和不规则线)。

(2) 疏密、粗细、浓淡的不同。

2) 线的类别和视觉功能

(1) 直线，理性、正直而刚强。

(2) 曲线，圆滑、柔和而抒情。

(3) 粗线，强大、有力。

(4) 细线，纤小、柔弱。

(5) 光滑的线条，细腻、温柔。

(6) 粗糙的线条，粗犷、古朴。

在景观中，线也可以是虚线，如视线、景观轴线等。中国古典园林借景、对景、障景等艺术手法都是通过对人的欣赏视线的引导和控制而达到的。而在空间的视觉感知中，轴线能以其强大的秩序控制力对周边的景观要素进行组织，使各部分的景观达到平衡，使无数对立的力量达到视觉心理上的平衡。

3. 平面构成的基本造型元素——面

面是用线条围合而成的视觉空间，格式塔心理学家在20世纪初探索人类知觉时提出，人们的意识从知觉到个别部位之前，总倾向于“观看”有组织的整体。这就是说，面是许多视觉部分的来源。

1) 面的视觉特征

(1) 几何形的面，规整面(三角形、正方形、长方形、圆形、菱形等)。

(2) 自由形的面，不规整面。

2) 面的形态和视觉功能

(1) 方形面，给人大方、庄严、安定规则的感觉。

(2) 圆形面，表达曲线和循环，在视觉上具有张力。

(3) 三角形面，给人稳定、灵敏、锐利之感。但倒三角能给人以不稳定的运动感。

(4) 自由形面，是由不规则的曲线及直线组合而成的，灵活感大于几何形，洒脱而随意。自由形使现代景观设计拥有了除规则形以外的更丰富的设计语言。

(5) 虚面，用点或线将面“点”化和“线”化，或进行色彩关系的处理，使面的整体在视觉上有远景感、层次感(图3.24)，以虚面衬托实面，对实面给以强调和突出。

图3.24 虚面

规则的面有一定的轴线关系和数比关系，庄严肃穆、秩序井然，大都应用于纪念性质的景观中，如天安门广场、南京中山陵广场等。而不规则图形表达了人们对自然的向往，其特征是自然、流动、活泼、不对称、柔美和随意，通常应用于气氛比较自由的景观中，如园林的分区布局，草坪、水面等均有各式各样的自由形面的图形构成，有时在严肃的景观氛围中起到衬托的作用。

点、线、面是平面构成的基本造型要素，是现代景观设计中图形产生的源泉。在同一景观设计中不会只是单一的某一种造型要素的应用，而是多种造型要素综合作用的结果。

3.3.2 平面构成的形式

1．重复(图3.25)

重复是指相同的形态连续地、有规律地、有秩序地反复出现。重复构成的形式就是把视觉形象秩序化、整齐化，在图形中可以呈现出和谐统一的视觉效果。重复的结构和重复的排列的共同特点就是它们都将两个以上相同的元素连续排列成一个整体，从而使人感到井然有序。选用重复的构成形式，就是要把视觉形象秩序化、整齐化，使设计的画面呈现出统一的、有节奏感的效果。

2．近似(图3.26)

近似是形体间少量的差异与微小的变化，是通过比较形之间微弱的变化来达到看似一致的效果。近似构成比重复自由，能突出统一中有变化的效果。近似构成的基本形只需要有着共同接近或是类似的特征。相对而言，近似构成比较容易设计，只要是同类物都可以作为它的基本形。

图3.25 重复

图3.26 近似

图3.27 渐变

3．渐变(图3.27)

渐变指的就是一个基本形有规律的、循序渐进的逐步变化，呈现出一种有阶段性的秩序感。它是一种有顺序、有节奏的变化，可以产生较为强烈的透视感和空间感。渐变构成富于韵律感、节奏感和旋律感，给人以一种抒情、流畅的视觉感受。渐变可以分为形态渐变、大小渐变、方向渐变。

4. 特异(图3.28)

特异是指群体形态处在秩序化的状态下其中某一形态发生突变的构成形式，是在局部打破秩序化的构成，在视觉上造成强烈的冲击，使特异的部分在平面中得到突出和强调。特异构成中特异部分的形态具有刺激视觉焦点的作用，使画面活跃，是视觉构成中的强对比，强调对规律排列秩序的突破。特异又分为形态特异、大小特异、方向特异。

图3.28 特异

5. 疏密(图3.29)

疏密是形态聚与散的构图对比形式，形态自由布置在画面中，强调形态的均衡构成。在疏密构成中，最密处或最疏处都可成为视觉中心焦点，只有在视觉上造成相对的密集和松散的对比，才能在形态的均衡构成中取得良好的视觉效果。密集可分为点的密集、线的密集、面的密集。

图3.29 疏密

6. 肌理(图3.30)

肌理就是物体的表面形态，也就是常说的“质感”。人、动物、植物和各种各样的物体都有不同形式的肌理，肌理的自然形成反映了世间万物在自然中的存在方式。它因材料的种类和表面的排列、组织构造不同，从而产生粗糙、光滑和软硬的效果。肌理是一种特殊的形式美，它让人们能感受到面的质感和纹理感。肌理可分为视觉肌理和触觉肌理。

图3.30　不同肌理产生不同的感觉

7. 空间

平面构成中的空间感是通过绘画中的透视原理创造的虚幻空间，是一种视觉上的错觉。构成形式中的渐变、重复中的发射骨架等，都能产生空间感(图3.31)。立体感和空间感是自然存在的状态，具有表现真实感的特质，因此立体感和空间感强的视觉形式更贴近于现实生活，更易于被视觉接受。在平面中表现出空间感有几种方法。

图3.31　平面构成形成的空间感

1) 形态之间的大小、虚实对比

2) 形态的重叠

3) 运用绘画中的透视、明暗、阴影来塑造

本节重点讲述了利用平面构成的基本造型元素以及平面构成的形式，挖掘出平面图形的内涵在景观设计中的运用。但在强调景观平面形式的同时要注意处理好平面构成应用形式与内容之间的关系。景观平面的内容就是景观布局所要求布置的一些基本建筑、设施，在遇到形式与内容相冲突的情况下，形式必须为内容让路。

3.4　色彩构成

世界是五彩缤纷的，人类生存的每一个空间都充满着绚丽的色彩，色彩可以装点生活，美化环境，给人以一种美的享受，也是社会发展和精神文明的一种体现，因此色彩对园林景观的应用尤为重要，在景观设计中要注意景观色彩的运用是时代赋予设计师的重要使命。

3.4.1 色彩的基本知识

1. 色彩三要素

眼睛能够感受到大自然五彩缤纷的色彩，是由于光照射在各种各样的物体上，通过各种物体对光的吸收与发射作用呈现出各种色彩。可以说，色是光刺激眼睛所产生的视感觉。作为一名景观设计者，应该掌握好色彩的基本理论知识。

1) 色相 (图 3.32)

它指每一种色彩本身呈现出来的相貌、特征，如红、橙、黄、绿、青、蓝、紫。

图3.32 色相环

2) 明度

它指色彩的明暗程度。这里分两种情况：一种是同种色相的不同明度，如同种色相中加白明度升高，加黑降低；另一种是不同色相的不同明度，如在红、橙、黄、绿、青、蓝、紫中，黄色是最明亮，绿色居中，紫色最暗。

3) 纯度

它指色彩的饱和度，也就是指某种色相中色素的含量多少。当一种颜色掺入任何一种色彩时，纯度就会降低。

图3.33 三原色混合

2. 色彩的混合

1) 三原色

它指玫瑰红、柠檬黄、湖蓝，它也叫一次色，从理论上讲这三种原色可以混合成一切颜色 (图 3.33)。

2) 三间色

两个原色混合成二次色，呈橙、绿、紫 (橘黄、草绿、青莲)，如红 + 黄 = 橙、黄 + 蓝 = 绿、蓝 + 红 = 紫。

3) 复色

间色相互混合称为复色，如紫 + 绿、绿 + 橙、橙 + 紫。

4) 浊色

三原色以一定比例调和，可得出近似黑色的浊色。

3. 色彩的冷暖(图3.34)

1) 暖色系

看到红、橙、黄就能想到火焰、炎热，使人产生温暖感，所以叫暖色。橙色是暖色中的最暖色。

2) 冷色系

使人想到湖泊、大海、冰冷的蓝和蓝绿，给人以寒冷感，所以叫冷色。其中蓝色为最冷色。

3) 中性色

绿、紫色为中性偏冷的颜色。黄绿、红紫为中性偏暖的颜色。

图3.34 色彩的冷暖

4. 色彩对比(图3.35)

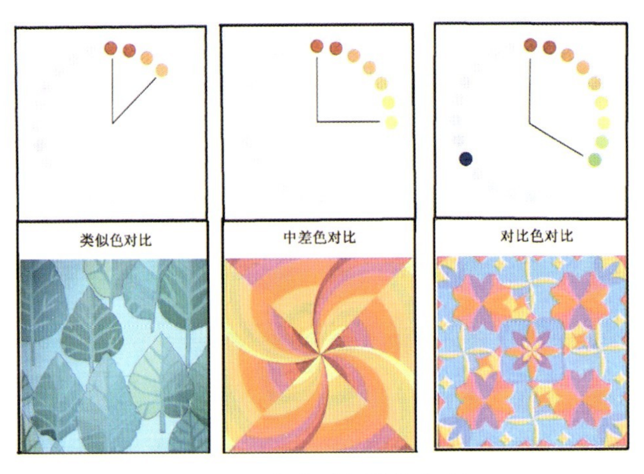

图3.35 色彩对比(学生作业)

1) 色相弱对比

(1) 同种色对比。同一种色相加入白色或黑色，使其形成几种不同的明度。色相不变，明度和纯度发生变化。其对比效果朴素、柔和。

(2) 邻近色对比。在 24 色相环中任选一色，与此色相邻之色为邻近色，它们相互间隔 30° 。对比效果和谐、优雅。

(3) 类似色对比。在 24 色相环上间隔 60° 左右，色相间隔 2 ～ 3 种颜色形成在色相对比，比邻近色对比明显些。对比效果和谐、高雅、色调明确。

2) 色相强对比

(1) 中差色对比。在 24 色相环上间隔 90° 左右，色相间隔 4 ～ 7 种颜色的色相对比。色彩对比较为明快、活泼。

(2) 对比色对比。在 24 色相环上间隔 120° 左右，色相间隔 8 ～ 10 种颜色的色相对比。色彩对比饱满、华丽、活跃。

(3) 互补色对比。在 24 色相环上间隔 180° 左右，色相间隔 11 ～ 12 种颜色的色相对比，是最强的色相对比。对比效果强烈、鲜明、充实。

3.4.2 色彩的应用手法

1. 暖色系在景观设计中的应用(图3.36)

暖色系的色彩感觉比较跳跃，是一般景观设计中比较常用的色彩。红、橙、黄在人们心目中象征着热烈、欢快、喜庆、兴奋等，在景观设计中多用于一些庆典场面，如广场花坛及主要入口和门厅等环境，给人以朝气蓬勃的欢快感。

景观色彩也不能脱离地区和环境而孤立的存在，它必须与地区、建筑景观环境相适应。在北方寒冷地区，适宜用中等明度的暖色和中性色，如哈尔滨建筑的色彩就颇有生气。由于气候寒冷，它常以暖色为主，基调是果黄色的墙面白色的线脚，在冬季给人以温暖之感。在夏季，郁郁葱葱的植物与暖色调的建筑搭配在一起，冷暖两色相互映衬又能使人倍感生动、清新明朗、绚丽多姿。

2. 冷色系在景观设计中的应用(图3.37)

冷色在视觉上有退远的感觉，在景观设计中，对一些空间较小的环境，可采用倾向于冷色的植物，能增加空间的深远感。冷色能给人以宁静和庄严感。

冷色在心理上有降低温度的感觉，在炎热的夏季和气温较高的南方，采用冷色会使人产生凉爽的感觉。在南方，除了建筑造型要求“通”、“透”轻快简洁之外，对于建筑色彩一般则会选用高明度的中性色或冷色。广州的新建筑就常以冷灰色(如本色的水刷石或磨石子)作基调，色彩显得明快、淡雅，很适应南方气候的防热要求和心理感受，而且这种淡雅的颜色容易和南方蔚蓝色的天空以及常年苍翠浓郁的绿化环境取得协调，再适当地与其他浅色调配合就更显明朗、悦目。

图3.36 暖色系在景观设计中的应用

图3.37 冷色系在景观设计中的应用

3. 色相弱对比在景观设计中的应用(图3.38)

色相弱对比指的就是同种色对比、邻近色对比、类似色对比等这几种色相差距不大，色相比较接近的色彩对比。这些色彩对比的组合在色相、明度、纯度上都比较接近，因此容易取得协调，在植物组合中，能体现其层次感和空间感，在心理上能产生柔和、宁静的高雅感觉。如有些公园，整个色调以大片的绿地为主，中央碧绿的水面，草地上点缀着造型各异的深绿、浅绿色植物和树木，结合一些景观设施，显得非常的宁静和高雅，与周围喧闹的环境形成对比，给人以休闲感和美的享受。同种色对比在一些花坛培植中常有应用，如从花坛中央向外色彩依次变深或变淡，给人以一种层次感和舒适的明朗感。

图3.38 色相弱对比在景观设计中的应用

4. 色相强对比在景观设计中的应用(图3.39)

色相的强对比包括中差色对比、对比色对比、互补色对比，这些色彩对比效果强烈、醒目，在室外环境设计中使用较多。色相强对比在景观设计中，适宜于广场、游园、主要入口和重大的节日场面，利用强烈的对比色彩组成各种图案和花坛、花柱、主体造型等，能显示出强烈的视觉效果，给人以欢快之感，烘托出热烈的气氛。在景观设计中，互补色对比还有不同明度和纯度的对比，不同面积的对比，特别是在植物花卉组合中应用比较广泛。互补色对比的运用在景观植物造景中表现得尤为突出，人们通常所描绘的“万绿丛中一点红”的景观即是该方式的具体体现。在大面积的绿色空间绿树群或开阔绿茵草坪内点缀小体量的红色品种，能形成醒目明快、对比强烈的景观效果。

图3.39　色相强对比在景观设计中的应用

总之，色彩的运用在景观设计中是一门既有技术又有艺术的学问，它和其他艺术一样，都始于人们对生活的需求。随着社会的进步、人们物质文明和精神文明的提高，对于美的追求更为强烈，对于色彩的应用更为广泛，这就要求园林景观设计师对色彩的应用能够赋予更加协调的时代感，为美化社会、美化生活作出贡献。

3.5　立体构成

任何一个立体物都具有长、宽、深这 3 个维度，这就是它所占据的三维空间。人们生活在三维的世界中，从自然界一直到人们的日常生活用品都是三维的形态。立体构成就是对三维形态的问题加以研究，探索立体形态各要素之间的构成法则、空间以及材料应用的一门学科。它是触觉艺术，不但可视而且可触，具有材料质感和三维空间感。景观设计是一门艺术，是搞好现代环境建设的重要因素之一。立体构成对景观造型设计有着重要的推动作用。通过对立体构成艺术的应用，景观造型设计从形式、结构、内涵等方面能获得最直接、最丰富的灵感和源泉。

3.5.1　立体形态构成

点材、线材、面材和块材是构成形体的基本造型要素，也是构成立体形象的材料和空间特征，所有立体形态都是由点材、线材、面材和块材基本要素加工组合而成的。从物质存在的角度出发，世界上的形态都是以块的形式存在的，没有单纯而孤立存在的点、线、面。但从构成的角度出发，人们把形态分为点、线、面、块，是为了更好地理解立体构成的一般规律。点、线、面、块的划分是相对的，不同场合可以看作不同形态，一般而言，大的、近的形态是块，小的、远的是点或线。

1. 点材的立体形态构成(图3.40)

点材，是平面“点”的三维化(立体化)。点材的特征是长度、宽度、高度差别不大，与环境相比体积较小。它是一切形态的基础，具有很强的视觉引导作用，如室内设计中的光源、灯具或者某些陈设、装饰，景观园林设计中的一座小亭、几座假山石。

图3.40　点的立体构成

2．线材的立体形态构成(图3.41)

线材，是以长度单位为特征的型材。线立体构成是运用各种形状的线材，在三维空间形成立体构成，它具有较强的表现力，犹如人的骨骼支架。在立体形态构成中，直线易显呆板，但也可以井然有序。曲线显得舒适优雅，但如果缺乏美感则容易陷入混乱。

由于线材纤细的特征，只有群组出现时，才能由多根线条交织成虚面。群组的线材有规律地安排，构成的形态具有较强的韵律感。在实际应用中，多用于大跨度顶棚及桥梁结构等，使用木材或钢架所建成的房屋，顶部大都采用这种构造方法。

3．面材的立体形态构成(图3.42)

面材，指面积比厚度大很多的材料，具有平薄、明快与延伸感，介于线材与块材之间，犹如人的皮肤，例如以大尺寸平板钢化玻璃为主要建筑材料的建筑幕墙就是面材的例子。

图3.41　线的立体构成

图3.42　面材的立体构成

图3.43　块材的立体构成

面材的构成形态可分为直面体和曲面体。直面体具有明显的转折面，挺拔的棱边，单纯有力，理性化。曲面体有带状、壳状、环状、螺旋状等，视觉效果优美、柔和。现代设计师用仿生学原理设计出许多薄壳结构建筑形态，如澳大利亚悉尼歌剧院。

4．块材立体形态构成(图3.43)

块材，是具有长、宽、深三维空间的量块实体，给人以充实感、厚重感，犹如人的肌肉，是立体空间最有效的造型形式。

块材给人以充实饱满、稳定之感，它的应用范围较广，从建筑设计、雕塑到环境小品等无所不在，其表现量感十足。

图3.44　综合立体构成

5．综合立体形态构成(图3.44)

综合构成就是将立体构成在前面所学内容的基础上，将点材、线材、面材、块材综合穿插运用，全面调动它们之间重复、渐变、特异、疏密等关系组合的变化形式，在进行组织时应把握整体的统一与变化关系、均衡与稳定关系等美学尺度。

综合立体构成要注意的是，点材、线材、面材、块材不能平均使用，必须分出主次，在构成组合时强调不同材质的对比美感。点、线、面、块的综合构成造型元素丰富，其视觉美感更引人注目。在实际应用中，采用这种构成的方法能使形态与内涵都得到极大地丰富，因此采用这种构成方法居多。

3.5.2　立体构成形态的心理感受

1．量感

立体形态的量感有两个方面：物理的量和心理的量。物理量就是体积、大小、多少、轻重。心理量不但和体积、大小、多少、轻重有关，而且与轮廓、色彩、质地、肌理等诸多因素有关。心理量感是心理判断的结果，是无法用物理方法来获得的，它源于物理量感，又与之不同。

在景观设计中，量感能够体现出设计作品的高大、神秘、雄伟、庄严等感觉，所以在宗教性作品或纪念碑雕塑作品中，常常采用成倍放大的艺术处理手法，以适应其创作的需要，如乐山大佛(图 3.45)、美国因特网 ICA 总部大楼。

2．空间感

空间感是形态向周围的扩张感，在许多设计中，空间被认为是设计成败的关键因素之一。空间感可分为物理空间和心理空间。物理空间是实体包围的、可测量的空间，如心理空间是没有明确边界却可以感受到的空间。物理空间比较容易把握，而心理空间更具有艺术效果。如西班牙巴塞罗那的米拉之家(图 3.46)，建筑造型充满流动感，使人在心理上容易产生往复运动的空间。

图3.45　乐山大佛大尺度的量感

图3.46　米拉之家流动的空间感

3．肌理感(图3.47)

肌理感是物质属性在感觉上的反映，它侧重的是表象。肌理可以丰富立体形态的表情，表现不同的情感、传达不同的信息，对人的心理产生不同的影响。在立体构成中，人们可以通过绘制、喷洒、烟熏、擦刮等方法制造视觉肌理；通过雕刻、挤压、穿孔、拼贴等方法制造触觉肌理。将自然界的各种肌理与心理特征相匹配，如以肌理形式表现热、温、凉等感觉。

图3.47　世博建筑英国馆表现的肌理感

现代景观设计不仅在设计手法上有新的创新，而且对新材料和新技术的应用也是体现现代景观特色的重要手段。近现代许多新材料的诞生和新技术的开创为人们在设计上又增添了许多的可能性。不同肌理的材料在触觉和视觉上给人以不同的感受。不论是现代建筑、室内设计，还是与环境紧密融合的景观设计，在对一系列新锐材料的应用上都达到了空前的高涨。

4．错觉感

错觉，指的是在一定条件下对客观事物产生的错误判断。错觉是日常生活中广泛存在的心理现象，它包括图形错觉、颜色错觉、空间错觉等，还有一定主、客观条件下思维推理错误所引起的错觉。掌握错觉的规律并巧妙地利用，会使设计变得生动而富有吸引力，如利用梯形广场来突出中心建筑，为了突出中心建筑，一般沿梯形广场的两边修建高度相等的建筑，入口放在窄边，对面广场的端头(宽边)布置主要建筑物。这样整个广场以及建筑物的灭点就落在窄边的尽头，使广场显得比实际的更宽，而广场尽头的建筑物则显得更高大，运用这种手法的著名例子有威尼斯的圣马可广场和罗马的圣彼得广场(图3.48)。

图3.48　圣彼得广场的错觉感使中心建筑更突出

3.5.3 半立体构成

半立体构成称之为2.5维构成，又称之为浮雕，是介于平面和立体之间的形态(图3.49)。与平面造型相比，它具备“三维”的尺寸，而与立体造型相比，它的三维立体是被限制的，高度(厚度)的尺寸要求控制在圆雕立体尺寸的1/3以内。

图3.49 浮雕

空间问题是建筑、景观设计的本质问题之一。在空间的限定、分割、组合的构成中，同时注入文化、环境、技术、材料、功能等因素，从而产生不同的建筑、景观设计风格和设计形式。景观设计是体现三维立体空间的创作，学好立体构成，掌握立体空间关系，对于学习景观设计的来说，是非常重要的。

本章小结

构成的形式美法则	形式美法则中变化与统一、均衡与稳定、节奏与韵律、比例与尺度的设计原则
平面构成	点、线、面的类型以及构成形式重复、近似、渐变、特异、疏密、肌理、空间的设计原则
色彩构成	色彩中暖色系、冷色系、色相强对比、色相弱对比在景观设计中的应用
立体构成	立体构成所形成的量感、空间感、肌理感、错觉感等在景观设计中的应用

思考题

举例说明景观设计中形式美法则的应用。

第4章 景观设计方法

知识目标

- 了解景观设计的特征，掌握景观设计的要求。
- 掌握景观设计意象五要素路径、标志、节点、区域和边界的设计原理。
- 熟悉和掌握景观设计的程序以及各个阶段所需要做的工作以及准备的材料等。

景观设计是一个综合性、技术性的设计过程，在这个过程当中，设计师首先要了解景观设计的要求包括哪些内容，针对这些要求和内容做好前期的环境调研和资料分析，然后进行有针对性的方案设计，并按照不同阶段的设计要求进行层层深入。整个设计过程往往是一个循环反复的过程，因此只有设计师具有充分的耐心和细心，才能使设计达到较满意的效果。

4.1 景观设计的特征与设计要求

景观设计不仅仅只是纸上谈兵，它最终要成为人们周围现实存在的物质环境。这些真实存在的物质环境不仅要能够满足人们各方面的需求，还需要能够具有美化环境的作用。因此，在设计时了解景观设计的特征和要求是做好设计的基础和关键。

4.1.1 景观设计的特征

1．社会性

景观是优化城市职能中"标志职能和休闲职能"的主要条件，涉及景观设计的各类场地，是人们游览、休憩、运动、娱乐等的场所。美好的景观不仅能够美化城市，起到陶冶人们的情操、净化人们心灵的作用，还体现了社会的繁荣。因此，景观设计需要接受实践的检验，并能够得到社会的认可，为大众所接受。

2．功能性

景观设计所包含的元素种类繁多，除了能够满足人们特定的需求外，比如照明设施首先要能够满足方便人们在夜间活动的需求等。户外休闲椅首先要能够满足人们的休息作用等，还要尽可能地实现综合作用(图 4.1)，比如景观设计元素中的植物配置，不仅要能够起到空间营造、美化环境的作用，还可以通过其实现减噪防尘、保护生态平衡的作用等。景观设计元素功能综合性的发展，是景观设计的发展趋势。

图4.1　景观设施的多功能性

3．科学性

景观设计要遵循相关的规范和要求，以使整个设计过程有科学的参考依据。比如地质、地貌、土壤、水温等是地形改造、水体设计的依据。气候条件、土质条件、植物生长规律是植物选择和种植的研究前提条件。建筑物、道路工程等必须遵守各种法律法规，比如后退红线的规定、绿化面积的要求等。建筑物、水体、小品等的施工必须按照相应的施工程序和工艺，以保证成品的使用可靠性。

4．创造性

景观设计只有不断的创新才能使景观环境更具有生命力。创新离不开传统，优秀的作品可借鉴和吸收，但是不是简单的重复和模仿。创新的景观设计内容要将主观构想与客观环境完美的结合，要充分利用自然环境适当地进行改造和设计，而不是背离天然的环境进行全盘改造。要通过创新思维保持生态平衡，促进环境的可持续发展。景观设计的创造性要求设计应因地制宜，不同的环境形成不同的设计成果。

4.1.2 设计要求

1. 计划性

景观设计的正式方案进入施工阶段，要耗费大量的人力、物力、财力等，施工完成的景观作品需要经常接受人们的观赏和评价。没有经过深思熟虑的构思设计、缺乏艺术美感的设计都会成为粗糙失败的作品，这样既造成了物质的浪费，又是对精神文明的污染。因此周密的计划性是促使景观设计成果成功的前提条件。

2. 严谨性

景观设计是一项艰苦的工作，并要求设计师必须养成认真、耐心、细致和严谨的设计态度。设计中出现的任何小错误有可能导致实际建设中的失败和损失，因此，在设计时不仅要制定好工作计划，还必须对环境、任务书等进行全面的分析，从任务书要求、环境考察、方案设计的进程检查、施工过程的校对等都必须做到深思熟虑，只有这样，才能使方案能够得以成功的实现。

3. 学科交叉性

景观设计与建筑学、园林学、园艺学等学科具有较强的交叉性。在学好本课程的同时，需要多阅读相关课程参考书并能够结合实例进行参观实习，以补充与课程有关的知识。在设计的过程中，要注意加强和业主、甲方或使用者之间的交流，以便及时了解他们的需求，并通过多方的建议和想法形成优秀的景观设计方案。

4. 实用、经济、美观原则

在景观设计中要把握好实用、经济、美观三者之间的关系，保持三者处于平衡点是景观设计的基本原则。景观设计中的元素既具有实用性又具有艺术性，是物质成果和精神成果的综合体。如果不实用就等于废品，如果不经济相对难实施和维持，如果不美观将被人们摈弃。

4.2 景观意象要素

公共环境中的具体空间（比如广场、街道等）一般都具备较强的环境特征，人们也正是通过这些特定的环境特征认知环境和形成特殊的环境意象。在景观设计中，这些特定的环境特征主要包括路径、标志、节点、区域、边界等。

4.2.1 路径

路径是运动的通道轨迹，比如街道、步行道、车行道等具有较强的运动连续性和方向性，其他的要素一般沿路径分布。行人主要通过路径的引导一边行进一边观察周围的情况，因此，路径成为景观设计和人们认知地图的主要组成部分 (图 4.2)。

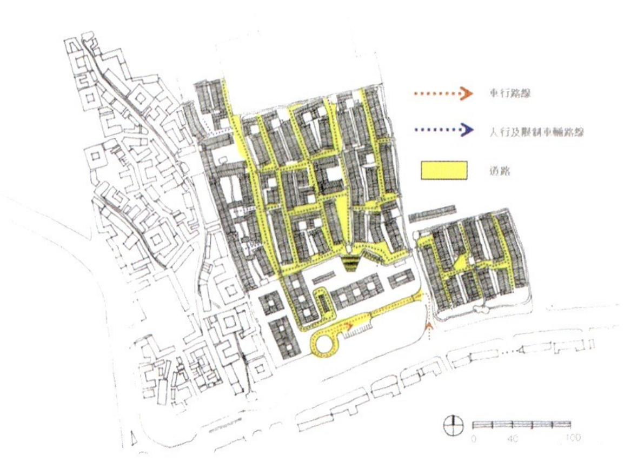

图4.2　丽江古城中国世界遗产论坛中心项目规划方案流线图

4.2.2　标志

标志一般是在某个区域内具有明显特征的参照物，环境中的标志一般具有引人注意和醒目的特点，多表现为建筑物 (比如天安门)、构筑物 (比如埃菲尔铁塔)、雕塑 (比如自由女神像)(图 4.3) 或植物等。在没有路径 (比如沙漠和草原)、路径不明 (比如丛林) 或路径混乱 (比如城市) 等大尺度的环境中标志便显得尤为重要。陌生人对新环境的认识一般都从重要的标志开始。

图4.3　自由女神像

4.2.3 节点

节点是观察者可进入地具有战略地位的焦点 (图 4.4)，是行人的出发点和汇集处，通常也是人的活动中心，比如交叉路口、道路的起点和终点、广场、车站等。道路是一维的空间，行人一般不必操心方向，而节点是二维空间，行人在这些地点需要集中注意力感知周围的环境和判断去向。节点的位置决定了它们是关注的交点，好的节点应该设置为方向感较强和醒目的标志。

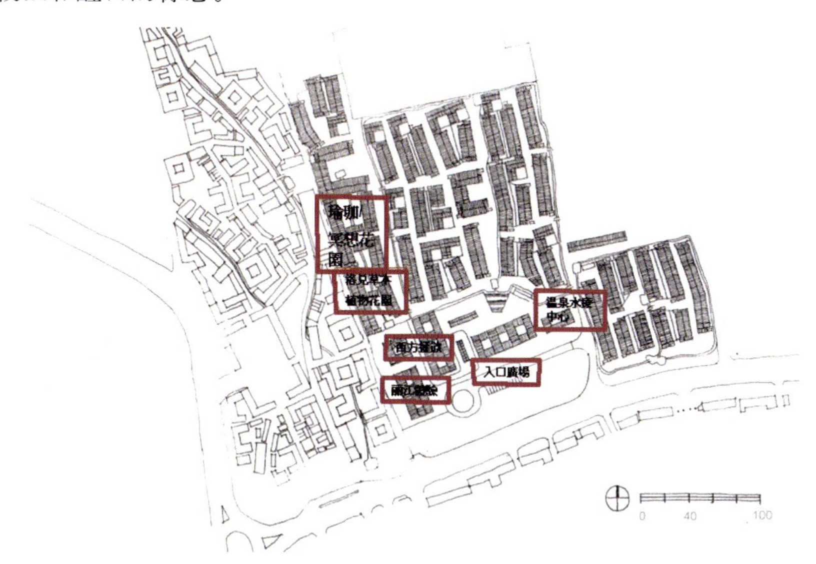

图4.4　丽江古城中国世界遗产论坛中心项目规划方案节点图

4.2.4 区域

区域具有共同的特征，这种特征是区域内部的共性，但相对于这个区域以外的空间即形成了与众不同的特性，从而使观察者易于把这一空间看成是一个整体 (图 4.5)。

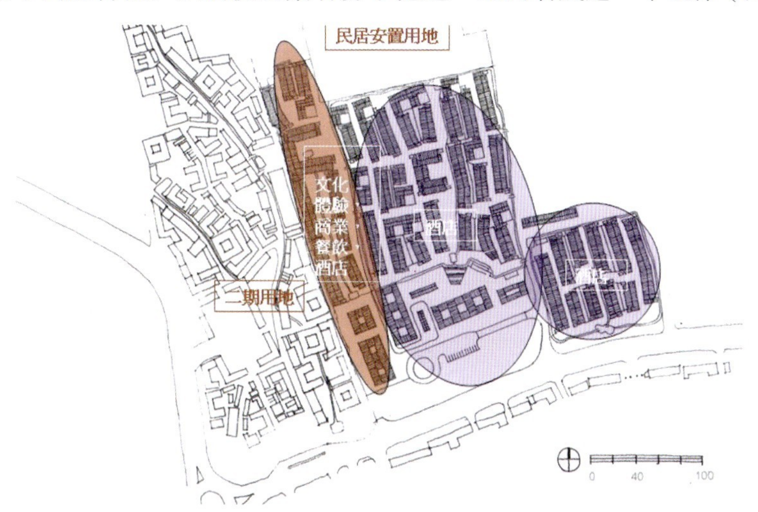

图4.5　丽江古城中国世界遗产论坛中心项目规划方案分区图

4.2.5 边界

边界是线性的界限，是划分不同区域的手段 (图 4.6)。边界的“线性”并不单单指细长的直线或曲线，它也可以表现为有一定宽度的过渡带，比如河岸、路堑、围墙等不可穿越边界，树篱、台阶、示意性地面铺装等可穿越边界都属于边界的范畴。

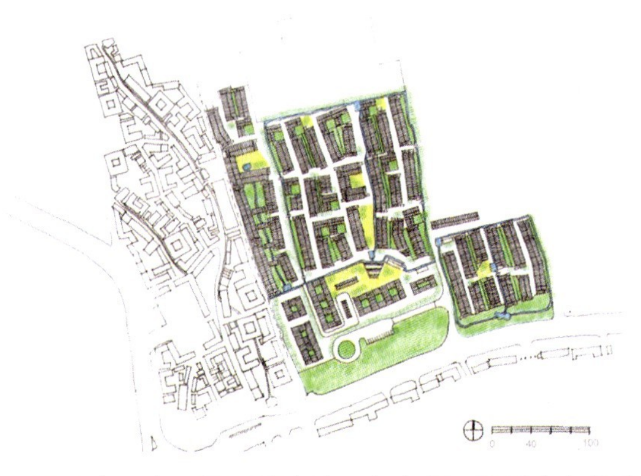

图4.6　丽江古城中国世界遗产论坛中心项目规划方案绿地边界

4.3 景观设计程序

景观设计的工作范围较广，主要包括广场、公园、商业街、滨水区域、居住区、风景区规划等。景观设计的一般程序按照先后顺序主要分为 3 个阶段，包括设计准备阶段、初步设计阶段和详细设计阶段。

4.3.1 设计准备阶段

景观设计的前期准备阶段需要进行大量的环境现状调查、分析和实地调研，并按照甲方和任务书的要求进行相关资料的收集，所收集的相关资料要求数据准确、全面和科学。

1. 设计任务分析

景观设计的要求一般以设计任务书的形式出现，主要包括功能要求以及精神要求等。设计时需了解设计任务的目标和要求、了解景观设计各类标准、甲方投资额度、工期进行计划等方面的内容。

1) 功能要求

景观设计的准备阶段首先要明确设计的基本功能要求，比如广场、居住区等环境类别的归属、整体功能区域的划分、满足基本功能所需的主要景观设施等。在设计时景观设计的类型需要结合使用对象的年龄、职业、喜好等进行综合考虑，比如纪念性建筑的庄重氛围、居住区平易近人的特点都是根据需要和使用人群的特点进行综合考虑来进行设计的。

2) 精神要求

景观设计成果除了能够达到美化环境的作用外，它更多地能够体现地域的文化特色和个性特色。不同的地域、城市都需要结合城市的规模、地方风貌特色来进行设计，以达到融合环境的美好景观，实现人们对个性美、特色美的精神需求。

2．环境调查分析

环境条件是景观设计的客观依据。通过对环境条件的调查分析，可以较好地把握、认识地段环境的状况以及对设计的制约因素，从而充分利用有利因素，因地制宜，对各种制约因素采取相应的处理和设计，变不利为合理和优化。环境调查分析一般包括以下内容。

1) 场地内外自然条件、环境状况及历史文化

(1) 了解场地规划中项目的性质、地位及设计要求。

(2) 掌握场地周边环境的特点以及未来发展的状况。比如周边的用地类型、周边的建筑形式、体量和色彩等，场地与周边的交通联系、人流方向等，周围是否有名胜古迹等。

(3) 掌握场地内环境的特点，比如三通一平情况，排污情况，用地内水文、地质、地形、气象等方面的资料，了解地下水位、年月降雨量、温度分布状况等，年季风风向、风力、风速等状况，地质勘察资料以及现状植被资料等。

(4) 掌握场地内景观设计主要材料来源于施工情况，如苗木市场、山石状况、建材状况等。

2) 图纸资料的收集

景观设计前期准备阶段需要相应的图纸资料进行分析，这些图纸需要甲方提供和支持，它们包括以下内容。

(1) 城市绿地总规划图，比例尺为 1:5000 ～ 1:10000。

(2) 地形图 (图 4.7)，根据景观设计场地面积大小，提供 1:2000、1:1000 或 1:500 的基地总平面图。图纸应包含以下内容：设计范围 (红线范围、坐标数字等)、基地内地形、标高及现状物 (现有建筑物、构筑物、山体、水系、道路等) 的分布情况和需要保留的情况说明。基地周边的环境情况，包括周围道路名称、宽度、标高点数字以及道路排水方式和方向，基地周边待建或规划建筑物、居住区等状况。

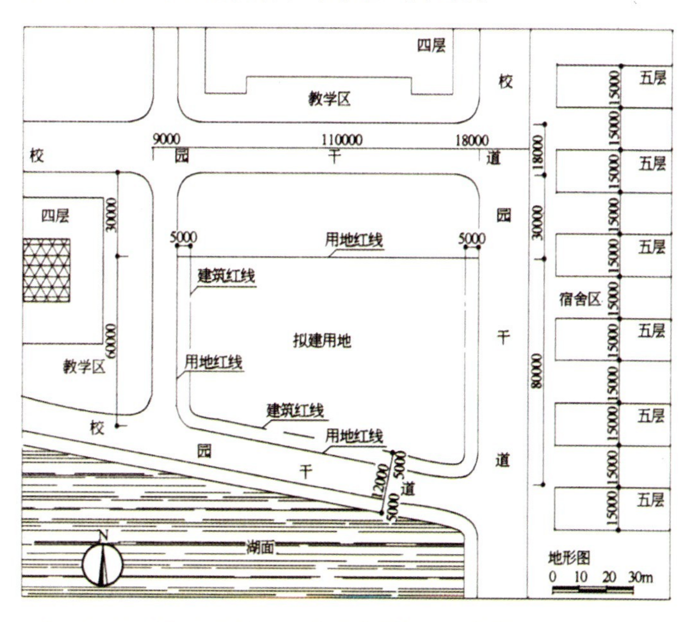

图4.7　地形图(李延龄，《建筑课程设计指导任务书》，2007)

(3) 局部放大图，主要包括 1:200、1:250、1:300 的局部平面图，建筑物应有平面图和立面图以及室内外标高、尺寸、色彩、形式的内容，还有周围山体、水系、植被、道路、建筑物等的详细布局。

(4) 地下管线图。地下管线图应包括要保留的上水、雨水、污水、化粪池、强电、弱电、煤气、热力等的位置和井位等的平面位置，剖面图应注明各类管道的名称、管径的大小、间距、管顶或管底标高、坡度等内容。地下管线图比例为 1:500 ~ 1:200，一般与施工图比例相同。

3．可行性方案分析

通过现场勘查所收集的资料，以及提供的前期图纸分析和研究，制定出景观设计方案的多种可能性，并就多种方案进行分析和比较，选择最佳的方案进行深入。在多种设计方案中，应包含项目的功能分析、所处地段环境分析、面积以及容量分析、设计艺术特色分析、各设计元素情况分析、实施进度分析、经济技术条件分析等内容。

4.3.2 初步设计阶段

初步设计阶段是建立在设计前期准备的基础之上的方案形成阶段，通过前期现场勘探和图纸分析形成初步的设计意象，形成这个阶段的方案构思，这个阶段对后期的方案深入乃至施工阶段都具有重要的意义。方案的立意与构思一般从总体和框架设计着手，形成总体设计的提纲。

1．立意与构思

1) 立意

立意是一个设计作品的主题思想的确立，包括设计师的设计构思和意图等。立意的概念内涵要比主题宽泛得多，立意一般先于设计，并主要表达设计师的中心思想，主题一般包含在立意之内，立意可以包含多个主题。

立意是从适应环境、满足基本功能要求，过渡到追求更高的理念境界。立意可以选择不同的主题和风格，比如规则的或自然的、古典的或现代的等；也可以采用不同的设计方式，比如对称的或非对称的、重复的或渐变的、线状的或面状的等。

立意更多偏向于理性思维，是抽象观念意识的表达，通过立意的建立能够使景观形成不同的感受，庄严的、雄伟的、朴实的、华丽的、活泼的、优美的等。

2) 构思

构思更多偏向于形象思维，是在立意的主题思想的指导下，形成的具体形态。

(1) 景观环境构思。景观场地环境一般范围较广，构成景观设计的元素和内容繁多，整体构思是场地和环境总体布局能够合理和统一的关键。

① 总体布局，轴线清晰。景观场地与环境的总体布局是将各元素和众多内容进行统一组织，并按照生动的方式将各种元素用串联或并联的方式组织在一起，形成清晰的有联系的轴线或骨架线，以及轴线上分布或周边分布的景点的组合。轴线是整个总体景观布局的骨架，景观的骨架成型也主要由景观轴线来决定。

② 景观节点主体的确定。总体布局以及景观轴线确定后，在轴线上的各个景点的类型、形式、形态、色彩等都需要进一步的确定。比如某个区域的山体的形态，是独立的还是

连绵的、是险峻的还是平缓的等，或者某个节点上景观雕塑的形式、色彩、质感等都是具体的考虑因素。需要强调的是，各景观节点的主体细节的考虑，是建立在总体布局的基础上的。因此，各景观节点需要有联系地进行考虑，使它们既有密切的联系、统一协调，又具有自身的特色。设计时不能把各景观节点孤立地进行考虑。

③ 游览路线的设计。游览线路与景观轴线、景观节点有着密切的联系，游览路线是贯穿整个景观设计的主要人流途径。在这个线路上，要能够形成“开始——进展——高潮——结尾”的有序环节，做到起承转合，使整个游览线路富有节奏感，同时结合景观轴线、景观节点把整个景观环境融为一体。

(2) 景观建筑构思。景观建筑设计构思主要有“先功能后形式”和“先形式后功能”两种方法，对于常规的景观建筑设计以及初学设计者通常采用“先功能后形式”的设计方法。

① 先功能后形式 (图 4.8)。这种方法能够较好地满足各类景观建筑的功能需求，功能要求的满足能够使方案尽快确定，是一种易于操作的高效的设计方法。但是从平面功能入手，在一定程度上限制了造型和创新空间。

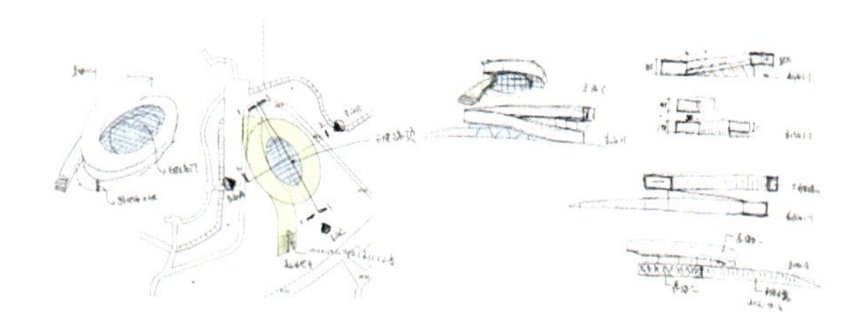

图4.8 先功能后形式(李以靠作品)

② 先形式后功能 (图 4.9)。这种方法主要从景观建筑的造型和空间着手，确定了建筑形体之后再填充和完善功能。先形式后功能的设计方法具有较强的创造力，能够创造出新颖的空间形态，但是对功能的合理布置有较大的难度。

图4.9 先形式后功能

2．调整与深入

通过多方案的比较，选出最为适合景观场地的设计方案，但是此时的方案轮廓还相对粗糙，很多内容和细节还存在各种各样的问题，因此，方案的完善还需要多次的调整与深入，才能达到最终的优秀成果。

1) 调整

方案的调整阶段主要是将多个方案进行比较和分析，选择较合理的方案进行进一步的调整。调整过程中通过解决方案中存在的问题和矛盾，使方案得到进一步的完善。在保证方案大方向的前提下，主要对方案进行局部的修改和补充，能够使方案的整体性更强。

2) 深入

方案的深入主要对各个功能区域细节进行进一步考虑和设计，并使各部分能够有所联系，同时还应处理好各功能区域的连接形式、连接节点处理、连接边界、过渡带的处理等。

(1) 山体。比如山体坡面的处理方式、石材的选用、山路造型设计、亭桥廊等建筑物或构筑物的位置和形式设计等。

(2) 水体。比如水体的类型、大小、形式以及驳岸的造型、码头平台的位置与造型、各种水体之间的联系方式、桥、汀石的位置与造型等。

(3) 植物。比如大面积植物种植区与植物种类的选择、绿化的形式、植物的搭配、花坛、篱植等种植形式的位置与造型等。

(4) 道路。比如道路的类型、材料、形式、道路与轴线的关系、道路的铺装形式等。

(5) 建筑物与构筑物。比如建筑物与构筑物的风格特征、造型、建筑群体之间的联系、内部空间与外部空间的联系等。

(6) 景观设施与小品。比如主要设施的类型、造型、色彩、小品的位置与数量、各设施和小品之间的联系方式等。

4.3.3 详细设计阶段

详细设计阶段主要延续前期准备阶段所形成的初步设计成果进行更深层次的细节设计。这个阶段除了总体方案需要得到深入外，单体方案以及局部详细设计也需要得到良好的落实。

1. 总体方案设计

在明确了景观设计项目的性质、位置、功能等内容后，就需要进行总体方案的设计。总体设计图应该准确地表明指北针、比例尺、图例等内容。一般面积在 $100hm^2$ 以上的，比例尺常采用 1 : 2000 ～ 1 : 5000 ；面积在 10 ～ $50hm^2$ 左右的，常采用 1 : 1000 的比例；面积在 $8hm^2$ 以下的，比例尺常采用 1 : 500。此阶段主要包括的图纸有以下几种。

1) 项目位置图 (图 4.10)

项目位置图表明景观设计项目所处的环境位置，属于示意性图纸。

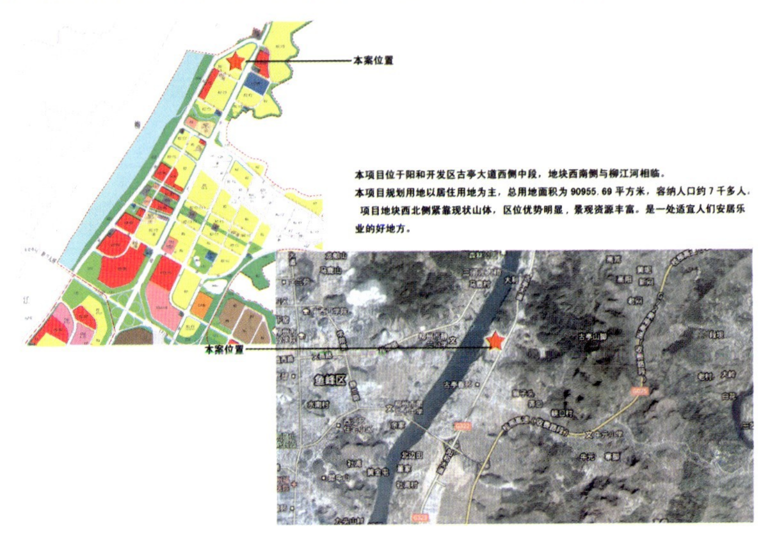

图4.10　某居住小区项目位置图

2) 现状分析图

根据前期调查的资料进行分析和归纳，将场地现状进行分区，并对其进行综合评述。分成的若干个区域可以用色块或者图形来表示，比如周边道路的状况、主次干道的位置、主次入口的位置等。同时还应分析出场地中的有利因素和不利因素，以便给后期的景观设计提供参考依据。

3) 景观分区图(图 4.11)

根据场地中不同的使用要求，划分出不同的空间区域。分区图应以现状分析图为基础，尽量做到因地制宜，并能够做到功能和形式协调统一。分区图可以用色块或者图形进行表示。

图4.11　丽江古城中国世界遗产论坛中心项目规划方案景观分区图

4) 总体方案图(图 4.12)

图4.12　某居住小区总体方案图

根据景观设计总体布局的原则和要求，其应该包括以下内容。

(1) 景观项目与周边的关系。比如主次入口、专用出入口与外界道路的联系方式，即道路的名称、宽度等；道路系统规划等；周围相邻建筑物或居住区的性质、高度、层数等。

(2) 出入口位置。比如主次入口、专用出入口的位置、面积、规划形式；主要出入口的内外广场形式、面积；停车场位置、出入口、容量设计；大门等布局。

(3) 建筑物位置。比如场地中的建筑物、构筑物的位置、布局、形式等。

(4) 植物设计图。比如图上应该反映出密林、疏林、树丛、草坪、花坛等类型、树种的选择和应用、植物搭配方式等。

2．单体方案图

总体设计方案确定后，需要进一步完善各单项景观设计图以保证后期施工图有参考依据。单项方案图主要包含地形设计图、道路总体设计图、种植设计图、管线总体设计图、电器规划图、景观设施和小品分布示意图等。

3．局部设计图

在总体设计方案最终确定后，需要进行局部详细设计，其主要包括以下内容。

1) 平面图 (图 4.13)

根据总体设计的要求进行分区，将各个区域进行局部详细设计。采用的比例尺一般为 1：500，等高线距离为 0.5m。在图纸上用不同粗细和形式的线形绘制出等高线、道路、广场、建筑、水池、湖面、驳岸、树林、草地、山石、雕塑、花坛等。

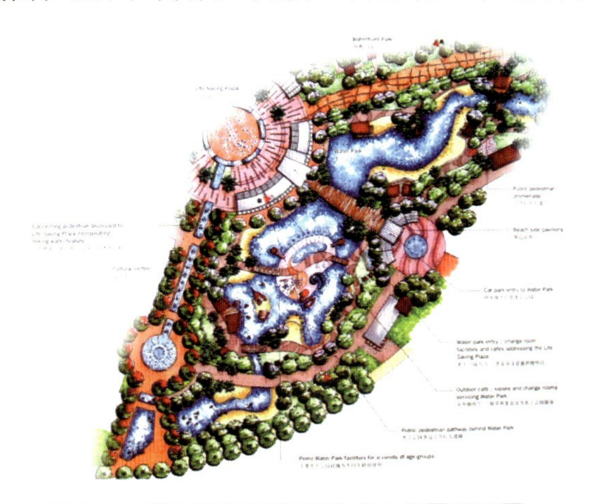

图4.13　烟台滨海景观规划水上公园平面图

平面图上应标明建筑物的平面、标高及与周围环境的关系；道路的形式、宽度、标高、坡度等；主要广场、地坪的形式、标高等；水体面积大小和标高、驳岸的形式、宽度、标高等；雕塑、小品和景观设施的位置、造型等。

2) 立面图 (图 4.14)

根据平面图表达景观区域的立面形态，立面图可以结合平面图整体表达，也可以绘制局部的立面图。立面图上要能够显示构筑物的立面形态、主体、配景等空间丰富的形态 (繁简、虚实等)、空间的进深感、植物的搭配状况、边界、色彩、配景元素、场所行为等。

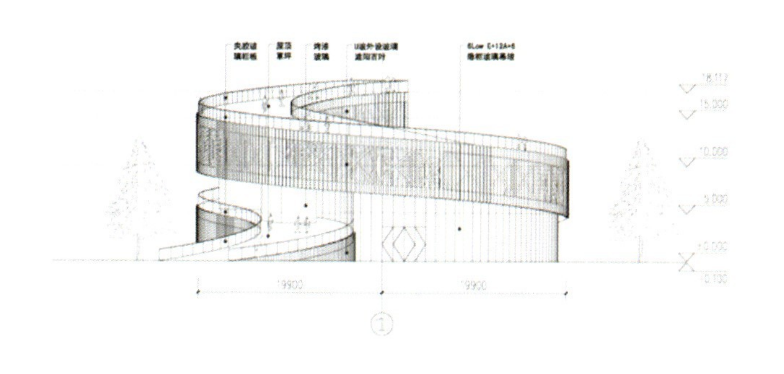

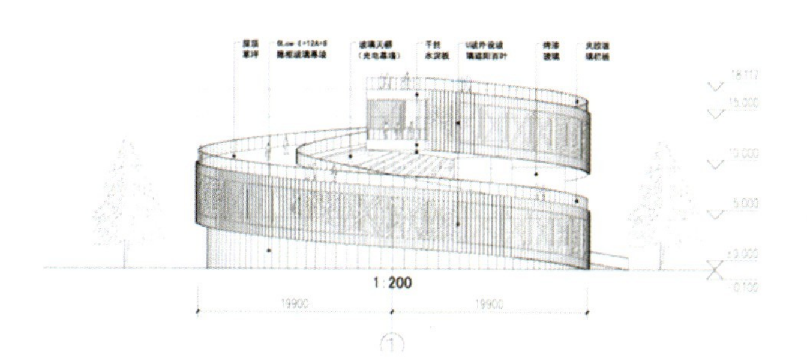

图4.14 铜陵市经济循环展览馆立面图(李以靠作品)

3) 剖面图 (图 4.15)

剖面图表达的是地形与空间的变化部分，也是在景观设计时营造空间形态的最重要的部分。常采用的比例尺为 1：200 ～ 1：500。

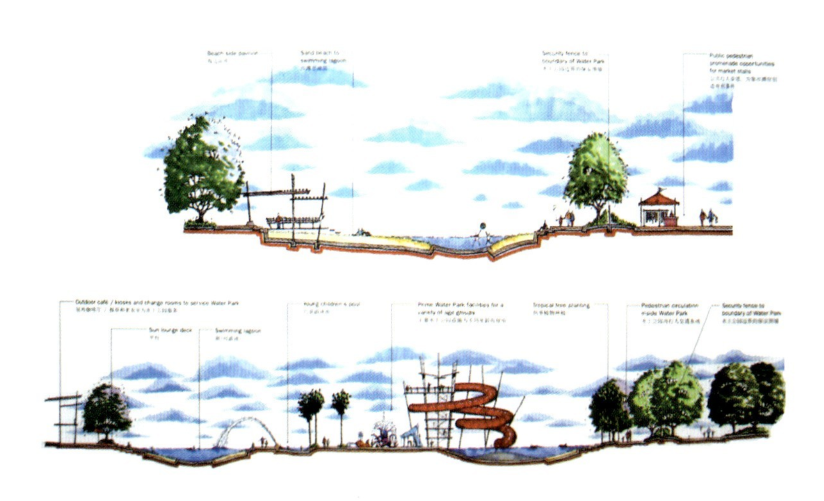

图4.15 烟台滨海景观规划方案水上公园剖面图

4) 种植设计图

种植设计图要能够准确反映乔木的种植点、栽植量、树种、树木种植形式和位置，以及植物与道路、水体、建筑物之间的关系。其他的种植类型还包括花坛、花境、草坪、灌木等的布置方式、种类、数量等。种植设计图常采用 1：200-1：500 的比例尺进行绘制。

本章小结

景观设计的特征与设计要求	1.景观设计主要具有社会性、功能性、科学性、创造性等特征，离开这些所属特征而形成的设计是没有意义的 2.景观设计要求具备计划性、严谨性和科学性，同时还要把握好实用、经济和美观的原则
景观意象要素	景观设计主要是通过它的环境特征所被人感受的，设计时要掌握意象要素路径、标志、节点、区域和边界的设计原则，以增强景观环境的识别性
景观设计程序	1.设计准备阶段需要进行环境调研和资料分析，并对设计任务进行可行性分析 2.初步设计阶段是主要的方案形成阶段，主要包括立意和构思、调整与深入两个阶段，方案的最终形成往往需要反复多次，因此需要设计师具备较好的耐心和信心才能使成果达到较好的效果 3.详细设计阶段是方案的进一步深入，在这个阶段各类图纸得到完善，为成果的实现提供了可靠的依据

思考题

1．举例说明景观意象要素对人们在生理和心理上的影响。
2．设计准备阶段的环境调研和资料收集包括哪些内容?
3．什么是“立意”？与“构思”有何区别?
4．详细设计阶段的各类图纸主要包括哪些内容?

练习题

选择一套完整的景观设计方案图纸进行抄绘。

第5章 景观设计表现方法

知识目标

- 了解推敲性表现中的草图和草模在设计过程中的重要地位，并掌握它们的表现技法。
- 熟悉和掌握景观设计常用的展示性表现方法，包括线条图、钢笔淡彩、水墨和水彩渲染、水粉、彩铅马克笔、模型、多种景观设计软件等的表现方法和技巧。
- 掌握景观设计制图标准，并遵守相关的制图规范和设计规范。

景观设计表现方法多种多样，除了常规的纸面表达设计内容以外，还可以通过手工模型、电脑建模等更直观的方式来展现个性。此外，还可以通过文字、图形、语言等方式进行设计构思的表达。这些表现形式都是把抽象的设计构思转化成实际作品的重要手段。不管用哪种表达形式，都必须把景观设计的各种景观元素表达清楚。按照表达的程度其主要可分为推敲性表现和展示性表现两种。

5.1 推敲性表现

推敲性表现是设计师为自己的构思所表现的，它是设计师在构思的不同深度阶段所进行的设计活动。推敲性表现是设计师思维活动最直接、最真实的记录和展现。推敲性表现有助于以具体的空间形象激发和强化设计师的构思活动，使设计构思成果实用而丰富，同时它也是设计师对方案进行分析、判断、抉择的重要参考依据。推敲性表现方法主要包括草图和草模两种。

5.1.1 草图

草图 (图 5.1) 表现是常规的、传统的、实践性较强的表现手法。它的特点是操作简单并能够快速地进行构思表达。手绘草图是景观设计的创意过程，它通过间接、精炼、概括的线条快速地把构思意图表达出来。草图表现是感性思维和理性思维的结合。草图表现经过反复的修改、涂擦，得到不断的升华，经过无数的草图手稿修改使景观设计中的特定问题逐步明朗化。草图表现较适合于总体初步设计和局部空间造型的处理，对徒手表现能力和技巧有较高的要求。

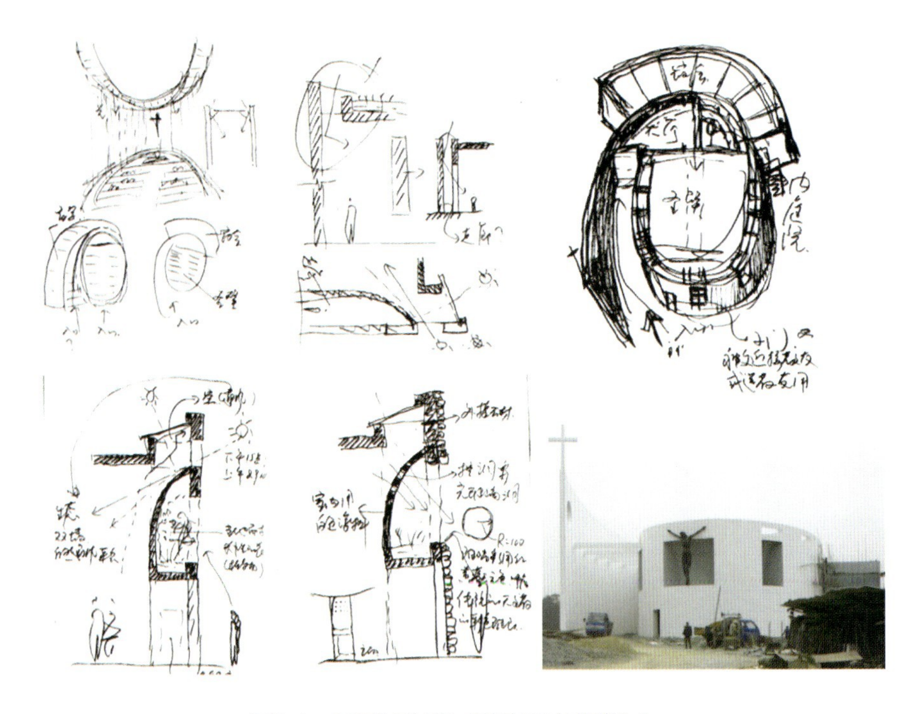

图5.1　草图(李以靠《蕲春天主教堂》)

5.1.2 草模

草模 (图 5.2) 较草图更具有真实性和直观性，能够充分发挥三维空间研究的优势，使设计师能够全方位进行观察和分析。草模对空间造型的内部整体关系以及外部环境关系的表现力尤为突出。草模表现对设计师的空间设计构思具有直接地推动作用，但在细部表现上有一定的缺陷。

图5.2　草模(吴晗昊，学生作业)

5.2　展示性表现

展示性表现一般为最终的设计成果的表现方式。展示性表现要求表达方法完整明确、美观得体，确保把方案的立意构思、空间形态以及气质特点等充分地展现出来，突出方案的可行性。展示性表现需要根据设计的内容和特点选择合适的表现方法。按照展示性表现的空间形式其可分为图面表达与模型表现两种。

5.2.1　图面表达

图面表达是二维的表现形式，主要通过图纸进行构思传达与内容设计。图面的表现方法很多，比如铅笔、钢笔、针管笔墨线、水墨或水彩渲染、水粉、彩铅马克笔等。选用何种表达工具要根据设计的内容及特点而定。在最初的方案设计时，由于方案需要频繁的修改，这时可以采用铅笔或者钢笔进行表达。根据方案进行的深度调整，表现方法的选用一般都是按照循序渐进的原则，从较简单或较容易掌握的工具画法过渡到复杂和难度较大的工具画法。

1. 线条图表现

线条图表现主要包括徒手线条图表现和工具线条图表现两种，徒手线条图表现具有亲和力(图5.3)，工具线条图表现具有较强的工程技术性(图5.4)。线条图表现工具主要为纸和笔，其中纸的选择可以根据设计内容和表达形式挑选绘图纸、描图纸、色纸、硫酸纸等，笔可以选择绘图铅笔、钢笔、针管笔等。线条图表现常用同类笔的不同粗细、不同形式进行结合绘制，比如剖切到的墙线等用粗实线条表示、看到的线用细实线表示、红线用粗虚线表示等。

图5.3　钢笔徒手表现(吴丽娟，学生作业)

徒手线条图表现生动具有活力，能够较强地表达设计创意和理念，具有较强的观赏性。表现工具主要是纸和笔，一般不用尺规进行限定制图。其中钢笔徒手线条图能够概括景观的主要特征，能够生动、灵活地表现设计构思。钢笔线条图表现画面丰富，直线、曲线、粗线、细线、长线、短线都有各自的特点和美感，并具有强烈的感情色彩，比如直线表达刚硬的气节、曲线表示柔美的情怀等，通过钢笔线条疏密、叠加、组合、排列等方式可以表达不同的质感 (图 5.5)。

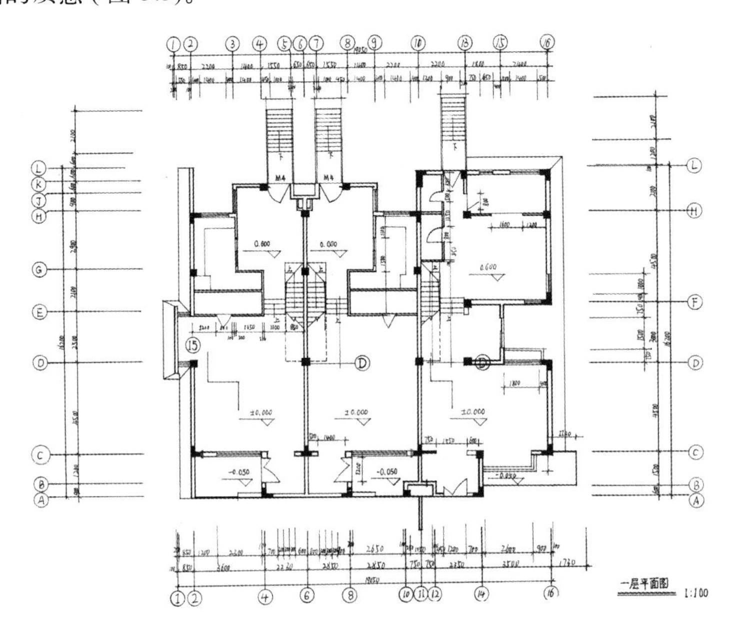

图5.4　工具线条图(张杨，学生作业)

图5.5 不同线条组合出不同质感(张杨，学生作业)

工具线条图要求绘制的线条粗细均匀、光滑整洁、交接清楚，以明确表达景观各部分的轮廓和形状。工具线条图的表现工具除了纸和笔外，还需要一些绘图工具进行辅助才能实现工整的线条和图案。这些辅助的绘图工具主要包括绘图板、丁字尺、圆规、三角板、曲线板、比例尺等 (图 5.6)。

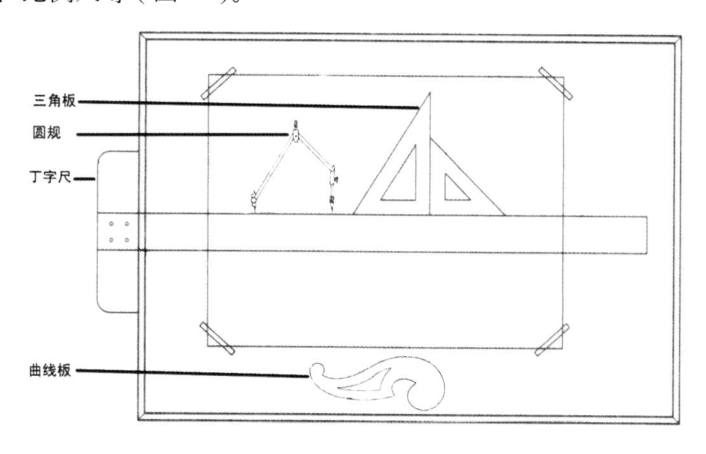

图5.6 常用绘图工具

图5.7　钢笔淡彩（王金成作品，新加坡）

2. 钢笔淡彩表现

钢笔淡彩表现是将钢笔和水彩相结合的表达方式（图5.7）。这种表达方式是利用钢笔勾画出空间结构和物体的轮廓，运用淡雅的水彩颜料表现画面色彩关系的技法。钢笔淡彩是快速表现的常用方法之一。

钢笔淡彩的绘制技法主要有两种，勾线上色法和上色勾线法。其中勾线上色法为常用的技法，一般先用钢笔勾出形状和轮廓，然后辅以淡彩着色。具体绘制时要注意物体的轮廓和空间界面转折的明暗关系，一般要求线条流畅，运用摆、点、拖、扫等笔触的变化来体现疏密变化和立体感。着色时留白尤为重要，不宜画得太慢。色彩应洗练、明快，不宜反复上色，来回涂抹，深色的区域尽量一气呵成。

3. 水墨和水彩渲染表现

水墨（图5.8）和水彩渲染（图5.9）具有良好的透明性、色彩淡雅细腻、色调明快等特点。水墨和水彩渲染主要用水来调和，水量控制和水分运用是图面表现成功的关键。水分太多会使画面水迹斑驳，影响整体画面效果；水分太少，则色彩干涩、透明感降低、缺少灵性和明快的感觉。两者着色一般由浅到深，预留高光和亮部，并由浅入深进行渲染。

图5.8　水墨渲染(陈丽，学生作业)

图5.9　水彩渲染(张杨，学生作业)

1) 水墨渲染程序

(1) 准备工作。水墨渲染准备工作包括裱纸、滤墨、勾轮廓几个部分。其中裱纸要选择纸面纹理较细并具有一定吸水能力的图纸。裱纸主要步骤包括首先沿纸边四周向内向上折 15 ～ 20mm，用干净的排笔蘸清水将折边内的纸面部分均匀涂抹，涂抹时注意排笔毛不要直接接触纸面，以避免纸面起毛，并在这边向下的一面均匀地涂抹上一层白乳胶，最后将折边贴在图板上，黏贴时要适力将折边向外扩展，使纸面充分膨胀而不至于撕裂，最后用湿毛巾平敷图面以保持湿润。(图 5.10)。

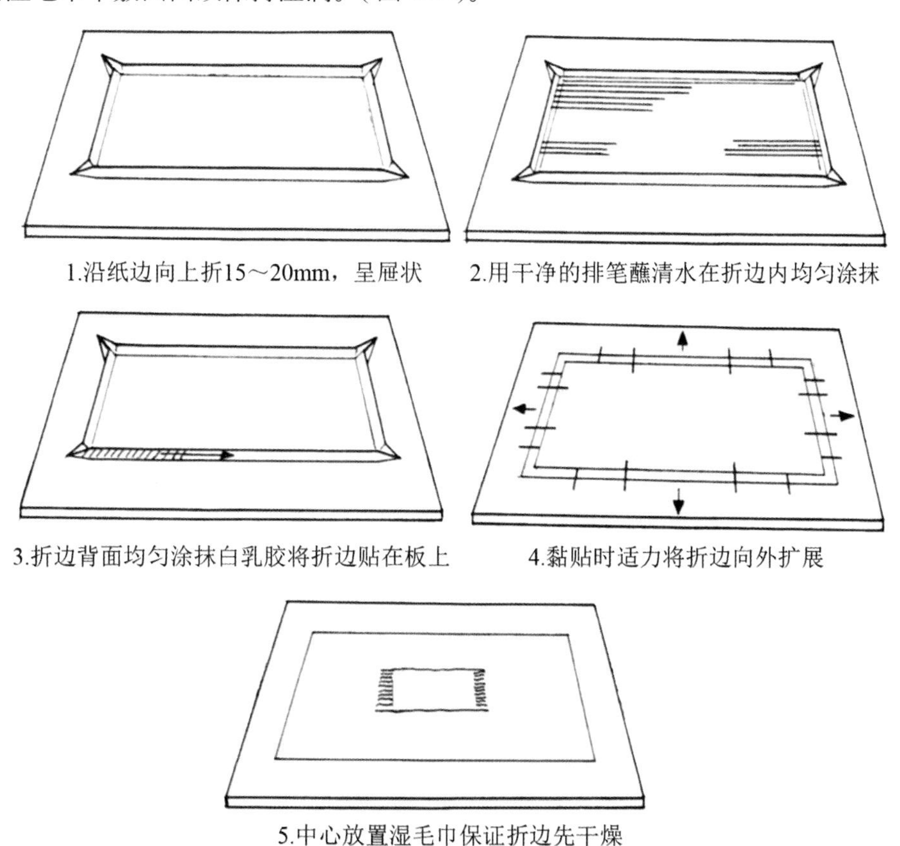

图5.10　裱纸步骤

(2) 运笔方法。渲染的运笔方法主要包括水平运笔法、垂直运笔法和环形运笔法 3 种。水平运笔法主要运用大号笔作水平移动，适合大面积的渲染，比如天空、地面、草地等。垂直运笔法适合垂直长条区域的渲染，要求上下运笔一次的距离不能过长，以避免上墨的不均匀，同一排中运笔的长短要基本相等，防止过长的笔道使墨水急骤下淌。环形运笔法主要运用于退晕渲染，环形运笔时笔触起到搅拌的作用，后加的墨水深度不能变化太大，以避免墨渍的产生 (图 5.11)。

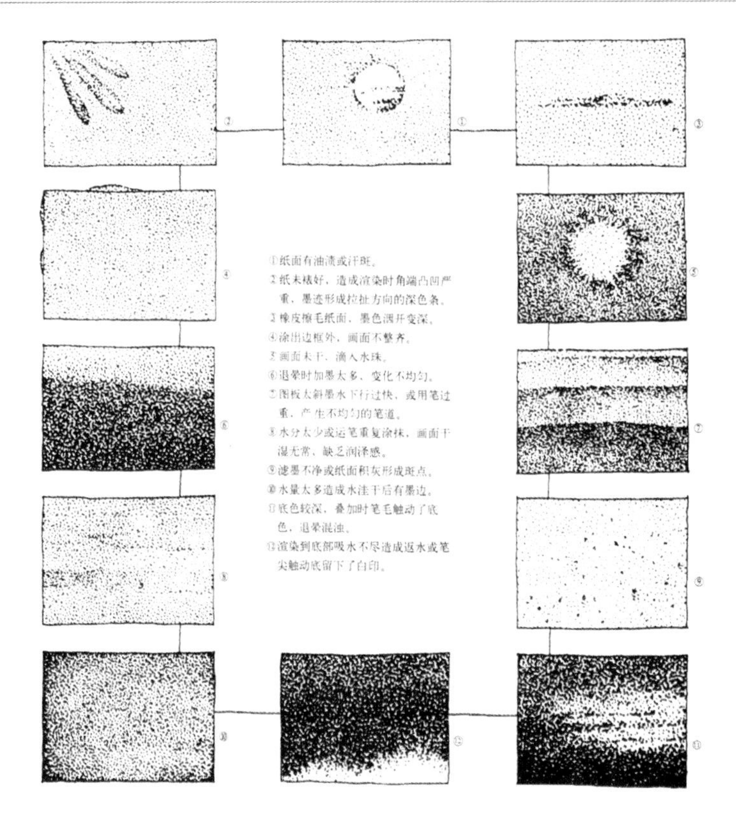

图5.11　水墨渲染常见墨渍病例(石宏义，《园林设计初步》，2006)

(3) 渲染步骤。水墨渲染步骤主要包括分大面、显形体、细刻画、求统一几个部分。分大面主要是区分空间层次、重在整体关系。分大面主要区分景观环境主体与背景，区分出前后距离并表达出阴影关系。显形体主要把景观中的实体的轮廓粗略地体现出来，包括它们的光影变化、与背景的层次差别等。细刻画要求能够清楚表达出实体的质感、色彩和较强的阴影关系。求统一通过各部分的细部刻画后，从画面的整体上的明暗深浅进行协调，使画面效果得到统一。

2) 水彩渲染程序

(1) 准备工作。水彩渲染也需要裱纸，方法同水墨渲染。但水彩渲染一般都应作小样，以确定整个画面的总色调。小样要能够表达出各个部分的色相、冷暖、深浅、景观主体与背景的总关系。水彩渲染因为不宜反复修改和覆盖，因此小样和底稿是必须先作的。

(2) 运笔方法。水彩渲染的运笔方法基本同水墨渲染。

(3) 渲染步骤。其中分大面、显形体、细刻画、求统一部分与水墨渲染基本相同。衬景一般最后画，一般在景观主体中建筑物、构筑物等渲染好后再画衬景，比如树木、云层、人物、汽车等都是与景观主体融合的环境衬景。衬景渲染色彩要求简洁，形象要简练，用笔不宜过碎，以免喧宾夺主 (图 5.12)。

4．水粉表现(图5.13)

水粉颜料由于都含有一定量的白粉，所以在与水彩表现相比较时，水粉的透明性较差，因此可以覆盖进行修改。

图5.12 水彩(黄薇薇作品)

图5.13 水粉写生(刘新作品)

水粉色彩饱和、浑厚，作图便捷，表现的明暗和层次关系较强，并且能够层层覆盖，便于修改，能够深入地塑造空间形象，逼真地表现对象，最后获得理想的画面效果。水粉表现可分为薄涂和厚涂两种方法，薄涂有轻快透明的效果，厚涂能够形象地表现质感。用水粉颜料表现时，调配的次数不宜过多，否则色彩会变灰、变脏。

1) 准备工作

水粉表现的准备工作包括颜料的放置、画纸、画板、水罐的准备等。水粉表现一般颜料用量较大，因此习惯把水粉颜料放置在颜料盒中，色彩的排列可以按冷暖顺序排列，也可以按照习惯顺序排列。每次用完后应该洒上一些清水保持颜料的湿度便于下次作画。水粉表现使用的画纸要求不高，只要纸张结实就可以了。画板一般选择五合板或者绘图板，为保证画纸，最好能够将纸裱在板上进行作画。

2) 运笔方法

水粉表现的运笔方法主要包括平涂法、退晕法和笔触法。平涂法一般需要饱和调色，从上至下或从左到右均匀的平涂。退晕法需要先调出退晕的色彩，以一色平涂逐渐加入另一种颜色，让色块自然过渡。笔触法用弹性较好的笔画出具有方向性的笔触。笔触法主要以拖、扫、点、勾、晕几种运笔方法来表现。

3) 绘画步骤

首先裱纸时不要损伤纸面，如果用铅笔起稿线条尽量轻，少用橡皮，以避免损伤纸面以及影响着色效果。上色时要先整体后局部，控制好画面的整体色调，一般先画深色部分，后画浅色部分。暗面尽量少加或不加白色，亮面和灰面可适当增加白色的分量，以增加色彩的覆盖能力，丰富画面的色彩层次。

5．彩铅马克笔表现

彩铅和马克笔都是理想地快速表现工具，两者可以单独进行绘制也可以结合进行设计表现。彩铅和马克笔都具有干净、透明、简洁、明快的特点，色彩种类丰富。两者在操作时也具有简便、省时、附着力强、表现力强、干燥速度快等优点，并且在各种纸面或其他材料上都能够良好的使用，但是对于徒手表现能力的技巧和要求较高，初学者需要长期的训练才能够掌握。

1) 彩铅表现 (图 5.14)

彩铅分为水溶性和蜡质两种。水溶性彩铅较常用，它具有水溶性的特点，与水混合具有浸润感，也可用手指擦抹出柔和的效果。彩色铅笔不宜大面积单色使用，否则画面会显得呆板、平淡。

图5.14　彩铅表现图(刘刚作品)

(1) 运笔方法。彩铅的运笔方法主要包括平涂排线法、叠彩法和水溶退晕法几种。平涂排线法主要运用彩铅均匀排列出铅笔线条，以达到色彩一致的效果。叠彩法用不同色彩的铅笔线条，叠加使用，形成变化较丰富的效果。水溶退晕法是利用水溶性彩铅溶于水的特点，达到退晕的效果。

(2) 绘画步骤。彩铅具有用笔轻快、线条感强的特点。在绘制过程中，彩铅往往与其他工具配合使用，能达到极佳的效果。比如与钢笔线条的结合，利用钢笔线条勾勒出形体轮廓，然后运用彩铅着色；或者与马克笔结合，首先用马克笔铺设画面大色调，再用彩铅叠彩法细致刻画；与水彩结合，体现色彩退晕的效果等。彩铅使用时色彩不宜过多，多了会使画面变花，一般整幅图最好控制在 3 种颜色左右，其他可以用相近色进行色彩弥补。

2) 马克笔表现

马克笔的种类主要有水溶性马克笔、油性马克笔和酒精性马克笔等。马克笔笔头较宽，画法与美工笔用笔法相似，笔尖可画细线，斜画可画粗线。马克笔表现一般是在钢笔线条的基础上进行组合绘画和色彩搭配 (图 5.15)。

图5.15　马克笔表现(杨杰，学生作业)

(1) 运笔方法。马克笔的运笔方法主要包括并置法、重叠法和叠彩法。并置法主要运用马克笔并列排列出线条；重叠法是用马克笔的同类色彩排除线条；叠彩法是组合不同色彩的线条，以达到色彩的变化。

(2) 绘画步骤。马克笔一般与钢笔线条相结合，首先用钢笔线条勾勒出造型和轮廓，再用马克笔进行着色。马克笔色彩透明，通过叠加可以产生丰富的色彩变化，但不宜重复过多，否则会产生脏乱的图面效果。马克笔着色顺序先浅后深，要求线条刚直，笔触明显，讲究留白。马克笔与彩铅相结合，能够形成彩铅的细腻风格与马克笔粗狂的风格相融合的效果 (图 5.16)。

图5.16　彩铅马克笔表现图(刘刚作品)

6．计算机制图

计算机制图是一种高效的设计辅助工具，在景观设计实践应用中具有准确性、可变性、真实性、生动性、通用性的特点。首先计算机制图是以客观数据和精确计算为基础的，因此具有较强的准确性；各种景观设计绘图软件具有强大的编辑功能，比如修剪、复制、拉伸等，使设计成果在不同的设计阶段可以进行不同方式的修改和利用，提高设计效率；通过数字三维模型能够真实地表现设计中的景观造型、空间形态、材料质感等，并可全方位进行考察设计成果；可以通过动画或者互动的方式表达设计方案，模拟真实场景，增加了方案的生动性；景观设计的各种软件都具有通用性，因此可以在不同的软件之间进行转换，通过这种综合方式，可以联合多种软件进行设计，使最终的设计成果达到完美的效果。

景观设计按照软件主要的应用方向可以分为制图软件 (AutoCAD 等)、三维建模及渲染软件 (3ds max、Sketch Up、Maya、Lightscape 等)、图像处理软件 (Photoshop、Coreldraw 等)、多媒体制作软件 (PowerPoint 等)。此外还有一些专门针对园艺设计开发的软件如 Landscape、3D Landscape 等。

1) AutoCAD

AutoCAD 主要用于二维绘图 (平面图、立面图、剖面图、大样图等)，其具有强大的功能，比如绘图功能、编辑功能、三维功能、文件管理功能、数据库的管理与连接、开放式的体系结构等。与其他软件相比较，Auto CAD 在二维绘图方面具有较强的优势。

2) 3ds max

3ds max 是优秀的三维建模和动画软件，在景观设计中应用广泛。在静态的三维模型制作过程中，主要通过建立模型、赋予对象材质和贴图、选择相机及机位、设置灯光进行渲染。3ds max 还可以制作较为复杂的动画，并将其制作成视频文件输出。但因其制作过程较复杂并受到硬件设施的限制，其应用普及率有待提高。

3) Sketch Up

Sketch Up 是专门的三维模型制作和渲染软件，采用特殊的几何体引擎，以改变几何体的线和面的空间位置和形态的建模方式。Sketch Up 的建模方式更为直观，易于掌握和操作，可以适时地观察到模型在制作过程中任意角度的状态，对景观设计方案在三维空间的效果推敲更为直接。但在渲染的精细度和建模的复杂性方面，Sketch Up 更适宜于初期感念方案论证到设计细节的确定阶段，更适用于快速表达设计理念。

4) Lightscape

Lightscape 是专门的渲染软件，但不具备完善的建模功能，它拥有光影跟踪技术、光能传递技术和全息技术的功能，可以自动精确模拟漫反射光线在环境中的传递，获得直接和间接的漫反射光线、柔和的阴影及表面的颜色混合效果，简化在普通渲染器中对场景灯光设定的经验要求，在景观设计中常与 3ds max 等建模软件配合使用。

5) Photoshop

Photoshop 是通用的平面图像编辑软件，它具有强大的图像处理功能，并且易学易用，在图像制作领域占据了主导地位。Photoshop 主要应用于后期渲染画面编辑和处理，通常与 3ds max 配合使用。

6) PowerPoint

PowerPoint 是专门的多媒体制作软件，主要采用多媒体动画演示，或以幻灯片的方式进行播放。PowerPoint 可以轻松地对幻灯片内容、背景、声音、演示方式等进行编辑制作，也可以链接网上资源和本地多媒体资源。

7．透视效果图表现

景观透视图一般是根据总平面图、立面图等二维图纸绘制而成的(图 5.17)。它是一种将三维空间中的景物转换成具有立体感的二维空间画面的表现方法。它直观反映着设计师的构思，将设计师的预想方案较真实地呈现于纸面。

图5.17　景观透视图(李以靠作品)

透视的基本原理是中心投影的原理，一般为单面投影。假想绘画者与被画景物之间有一个垂直的透明平面，绘画者眼睛的位置连接景物的关键点形成的视线与透明的假想面相交，将各个交点连接形成二维平面上的三维景物图像就是透视图(图 5.18)。

1) 基本术语(图 5.19)

(1) 基面——承载景物的平面，即地面(通常为水平面)。

(2) 画面——垂直于地面的透明假想面。

(3) 地平线——地面(水平面)与画面的交线。

(4) 视点——绘画者眼睛所在的位置，即投影中心。

(5) 视中心——过视点作画面的垂线，该垂线与画面的交点即为视中点。

(6) 视平线——绘画者眼睛所在的水平面。

(7) 视线——视点与景物中各点的连线。

(8) 消失点——景物沿视线方向在视平线上消失称为消失点。

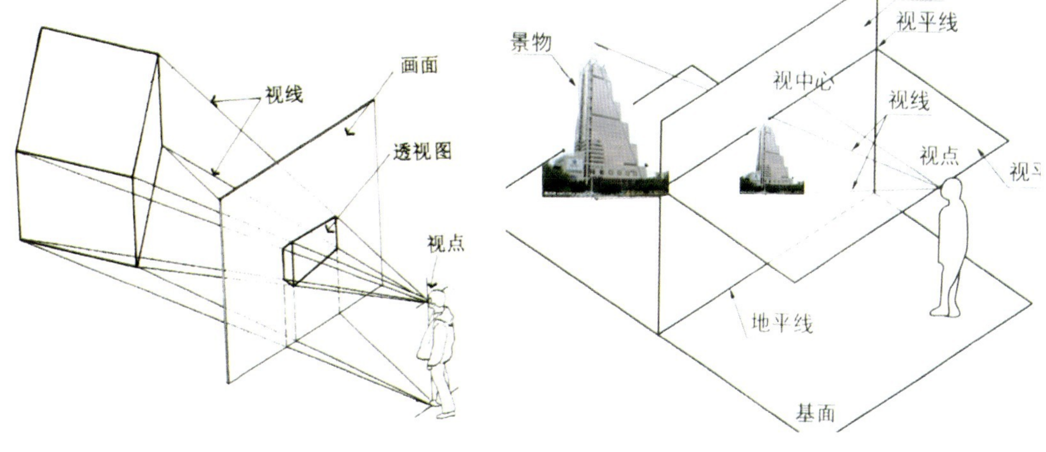

图5.18 透视基本原理　　图5.19 透视基本术语

2) 分类

常见的透视图包括一点透视(平行透视)、两点透视(成角透视)、三点透视、鸟瞰图等几种。透视图的构图原理都有共同之处，就是寻找景物的消失点。

(1) 一点透视(图 5.20)。它指景物向画面后方消失于一个交点。一点透视的优点在于透视表现范围广，纵深感强，视觉感稳定，适合表现庄严、肃穆的景观形象，也常用于室内透视。它的缺点是稍显呆板，缺乏灵性。

(2) 两点透视(图 5.21)。它指景物向画面后方消失于两个交点，这两个交点一般在一条直线上，并分别位于景物的左右两端。两点透视的优点在于图面自由、活泼，能够较真实地反映景物的形象。它的缺点是角度或消失点选择不恰当时，容易产生视觉上的变形。

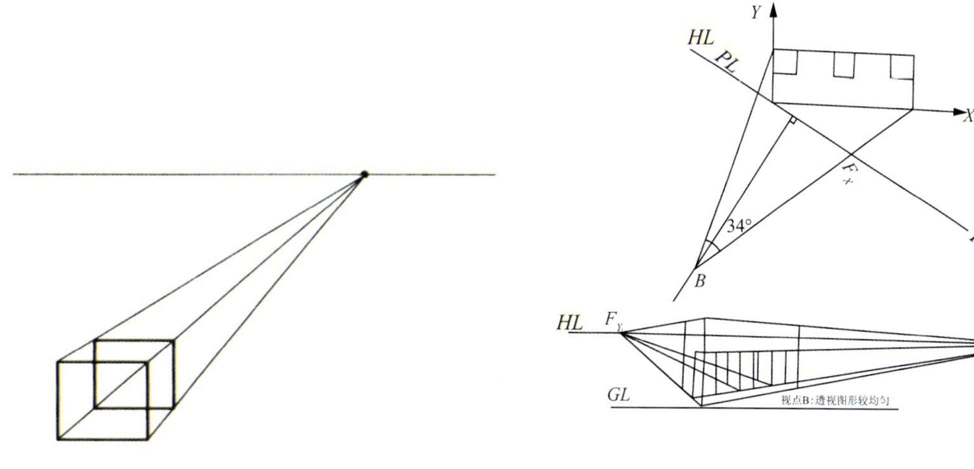

图5.20 一点透视　　图5.21 两点透视

(3) 三点透视 (图 5.22)。在不同的景物向画面后方消失于三个不同的交点，其中有两个交点位于一条直线上，并分别位于景物的左右两端，另一个交点位于景物的下方。三点透视主要应用于大场面和大空间的表现。

(4) 鸟瞰图 (图 5.23)。鸟瞰图是透视图的一种特殊形式，当视图的视点高于投影对象 (即景物) 时，所假设的透明平面与地面 (水平面) 成一定角度，此时画面上的图像就会显示出“俯视”的效果，因此称为“鸟瞰图”。

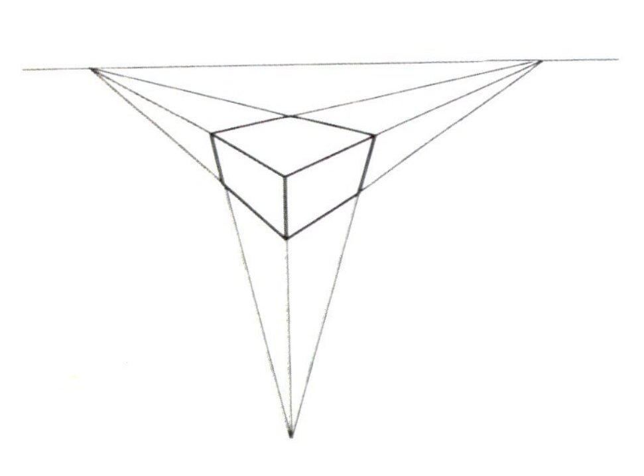

图5.22　三点透视

图5.23　鸟瞰图

此外，无论在平面图表达中还是在透视图中，如果增加阴影就能够增强画面的立体感，提高画面的质量。

5.2.2　模型表现

模型能够完整地表现设计方案，并广泛应用于景观设计的各种类型中，包括绿地景观、小型院落、建筑造型、庭院、景区全景以及城区规划等。模型展示的效果直观，能够更好地给观赏者体验模型的三维空间。

1. 精细手工模型(图5.24)

草模是主要辅助方案推敲的表现方法，精细手工模型与草模最大的区别是它不是用来推敲设计方案的，而是用来展示设计成果的表现方法。精细手工模型是真实景观的比例微缩，可以再现其环境、方位、造型、空间序列、色彩、肌理、装修、绿化等。

图5.24　精细手工模型(杨杰、范祖兰等，学生作业)

1) 模型材料、制作工具以及粘合剂

(1) 模型材料。模型的主材主要包括各种形状、各种型号的木材线材、板材、块材；塑料类材料主要包括有机玻璃、吹塑制品、塑料薄膜等；纸质材料主要有卡纸、瓦楞纸、草板纸、玻璃纸、植绒纸等；金属材料主要有铝材、马口铁、铜丝、铝丝等；其他材料包括玻璃、赛璐珞片、陶瓷片、胶泥、碎石、砂土、卵石、石膏等。模型材料种类繁多，只要适用于精细模型的展示，通过加工、整形、喷涂等工序都能成为很好的模型材料。

(2) 制作工具。制作工具种类繁多，主要分为手工工具和电器工具等。手工工具主要运用一般的工具对模型材料进行人工雕琢，电器工具主要运用机器对模型材料进行加工。

① 手工工具。

刀剪类：普通剪刀、手术刀、玻璃刀、足刀、手术剪刀等。

锯类：手柄锯、钢丝锯、拉花锯。

钳类：老虎钳、台钳等。

钻类：手摇钻等。

尺类：卡尺、角尺、钢板尺等。

其他：手刨、锤、砂轮、订书器、打孔器、一次性注射器等。

② 电器工具。电阻丝切割器、电热刀、电吹风、电烙铁、手电钻、电烫斗、上光机、雕刻机等。

③ 粘合剂。粘合剂主要有氯仿、丙酮、乳胶、502胶、4115建筑胶、801大力胶、双面胶、胶水等。氯仿和丙酮主要用来粘结有机玻璃和赛璐珞片。

2) 制作步骤

针对不同表现形式的模型，模型制作的步骤也有所区别。但基本的模型制作过程基本相同，有些模型可能不涉及到其中的某些步骤。

(1) 绘制模型平面图。将模型的标题、设计平面图以及要求在模型上表现的内容通过勾画出模型制作平面图。绘制时注意留边，以及图块之间的间距和在模型板面上布局的虚实关系。

(2) 按比例尺作底板。根据加工的情况，可以在底板上再加复合层，以适应不同的需求。

(3) 标明主体位置。根据模型平面图，在底板上标明各主要部件的位置。在制作过程中要进行多次标注。

(4) 塑造竖向关系。根据地形塑造竖向关系，主要包括山体、坡地、台阶等。

(5) 制作水池、草地、铺地、道路等。

(6) 把单独完成的建筑与立体造型贴合上去。贴合顺序应该按照先后大小、先主体后宾体的次序。

(7) 贴合或放置衬景，比如树木、人物、车辆等。

(8) 落实模型标题、指北针、文字说明等。

2．计算机模型(图5.25)

计算机模型能够从内到外，从空中到地面，从任何一个设计者需要的角度来建构景

图5.25　计算机模型

观的外观形态、内部空间、细部设计等，给观赏者以逼真和生动的画面。此外，计算机模型还能模拟人的行走路线，以模拟亲身体验的方式将景观的使用方式展现出来，这些都是其他图纸或模型难以达到的效果。

计算机模型是运用多种设计辅助软件将一项完整的景观设计成果进行综合性的表达，根据几种软件自身的应用特点和应用方式，将其应用到景观设计过程的不同阶段中。具体的计算机建模包括以下几个步骤。

(1) 用 AutoCAD 绘制景观设计平面图、立面图、剖面图、总平面图和其他反映设计细节的图纸。

(2) 运用 Sketch Up 建立三维草模，进行方案对比和选择。

(3) 确定方案后，运用 3ds max、Photoshop 和 PowerPoint 来表现设计效果。

5.3　制图标准

不管何种景观表现图的形成，最终都主要以图纸的形式进行构思的表达。图纸是一种重要的技术文件，是设计师用来表达思想、交流和指导施工的重要语言。只有能够给景观施工提供参考依据的设计图纸符合制图标准和规范的要求，才能保证景观的施工过程顺利进行。

5.3.1　基本图幅尺寸和规格

图幅是指图纸的基本尺寸，制图时，所选用的图幅尺寸要符合相关图表（表 5-1）的规定。其中 A4 幅面主要用于目录、变更、修改等。图纸版式分为横式和立式两种（图 5.26），根据需要可以加长图纸的长边，短边一般不加长。每个规格可按照标准适当加长，加长的数值应为 1/8 的倍数。

表 5-1　标准图幅尺寸

幅面 尺寸代号	A0	A1	A2	A3	A4
b×l	841×1189	594×841	420×594	297×420	210×297
长边加长后尺寸 (b × n1/8)	841×1338 841×1487 841×1635 841×1784 841×1932 841×2081 841×2230	594×1051 594×1261 594×1472 594×1682 594×1892 594×2102	420×743 420×892 420×1041 420×1189 420×1338 420×1487 420×1635	297×631 297×841 297×1051 297×1261 297×1472 297×1682 297×1892	
a	25				
c	10			5	

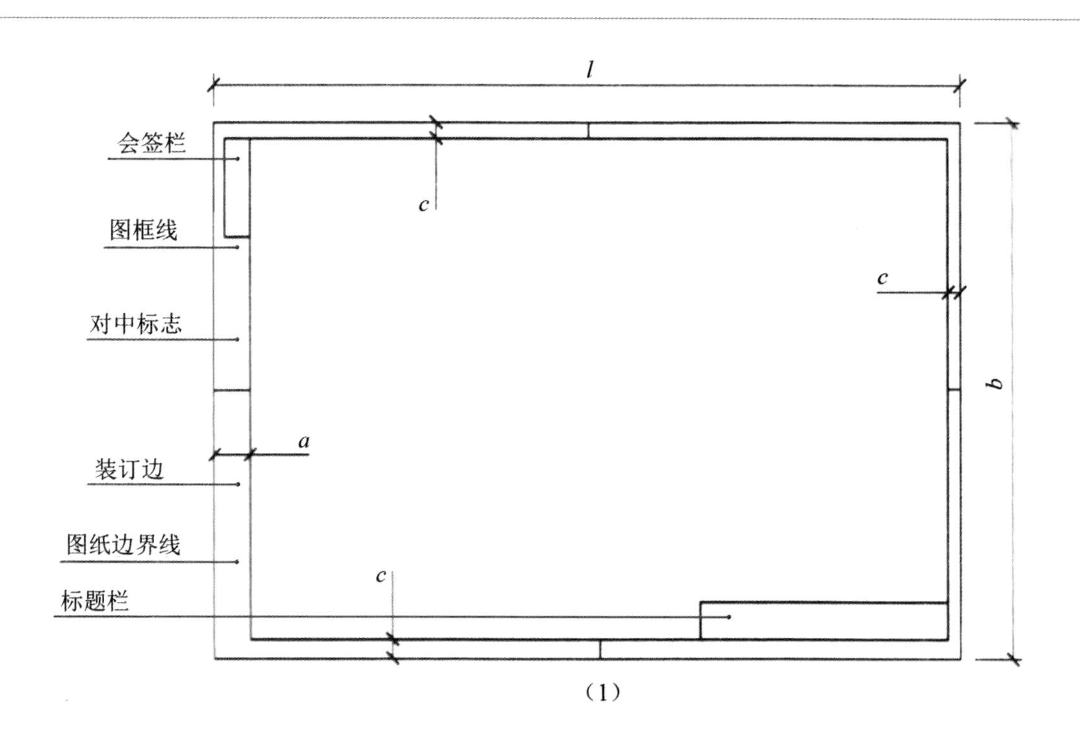

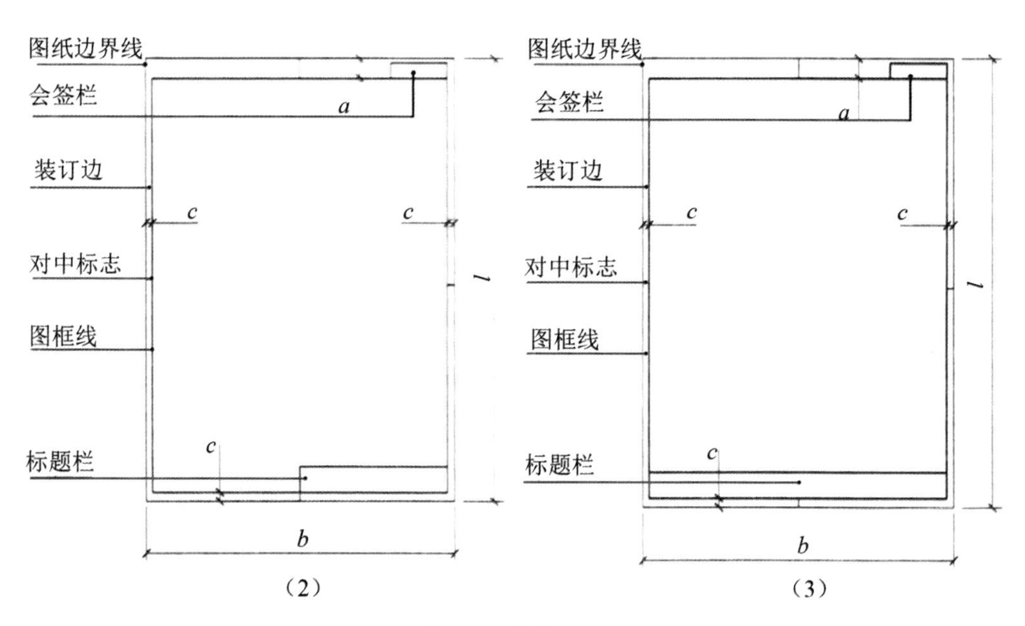

图5.26 基本图幅格式

5.3.2 线型及尺寸

在国标中，对制图线型、尺寸和画法都做了相应的规定(表5-2)，图线的宽度应根据图样的类型和尺寸的大小在线宽中选定粗实线b，其他的图线的粗细以b为标准进行确定，一般粗线、中粗线和细线的比率为4∶2∶1。

表5-2 标准线型及应用

名称		线型	线宽	应用
实线	粗	▬▬▬▬	b	1．景观建筑立面图的外轮廓线 2．平面图、剖面图中被剖切的主要建筑构造(包括配件)的轮廓线 3．景观构造详图中被剖切的主要部分的外轮廓线 4．构件详图的外轮廓线 5．平、立、剖面图的剖切符号 6．平面图中的水岸线
	中	———	0.5b	1．剖面图中被剖切的次要构件的轮廓线 2．平、立、剖面图中景观建筑构配件的轮廓线 3．构造详图及构配件详图中的轮廓线
	细	———	0.25b	主要应用于尺寸线、尺寸界线、图例线、索线符号、标高符号、详图材料做法引出线等
虚线	粗	▬▬ ▬▬	b	1．新建筑物的不可见轮廓线 2．结构图上不可见钢筋及螺栓线
	中	— — —	0.5b	1．一般不可见轮廓线 2．建筑构造及建筑构配件不可见轮廓线 3．拟扩建的建筑物轮廓线
	细	— — —	0.25b	1．图例线、小于0.5b的不可见轮廓线 2．结构详图中不可见钢筋混凝土的构件轮廓线 3．总平面图上原有建筑物和道路、桥涵、围墙等设施的不可见轮廓线
单点长划线	粗	-·-·-·-	b	结构图中的支撑线
	中	-·-·-·-	0.5b	土方填挖区的零点线
	细	-·-·-·-	0.25b	分水线、中心线、对称线、定位轴线
双点长划线	粗	-··-··-	b	1．总平面图中用地范围，用红色表示，也称“红线” 2．预应力钢筋线
	中	-··-··-	0.5b	见各有关专业制图标准
	细	-··-··-	0.25b	假想轮廓线成型前原始轮廓线
折断线		—\/—	0.25b	不需画全的这段界面
波浪线		~~~~	0.25b	不需画全的断开的界线、构造层次的断界线

注：虚线每线段长度 4 ～ 6mm，线段与线段之间间隔 1.5mm，单点长划线每线段长度 15 ～ 20mm，线段与线段之间间隔（含点在内）约 3mm，双点长划线每段线段长度 15 ～ 20mm，线段与线段之间间隔（含点在内）约 5mm。

5.3.3 相关规范

设计规范是景观设计水平的质量保障，因此在设计过程中要遵守相关的规范和条文。与景观设计相关的规范有《城市居住区设计规范》、《居住区环境景观设计导则》、《公园设计规范》、《城市绿化条例》、《城市道路绿化设计规范》、《中华人民共和国自然保护区条例》、《建设项目环境保护设计规定》、《中华人民共和国野生植物保护条例》等。

本章小结

推敲性表现	草图	草图是景观设计过程中最具有创造力的表现手法，并且具有操作简单、快速等特点
	草模	草模对设计的推敲过程具有直接的推动作用
展示性表现	线条图表现	线条图主要包括徒手和工具线条图两种，徒手线条图生动具有亲和力，工具线条图能够明确表达景观各部分的细节
	钢笔淡彩表现	钢笔淡彩是将钢笔和水彩结合的表达方式，在绘制方法上分为勾线上色法和上色勾线法两种
	水墨水彩渲染表现	水墨水彩渲染具有通透、明快的特点。两种表现方法一般都包括裱纸、勾轮廓、先大面积后细节上色几个程序，并且在运笔绘画时有较高的技巧性
	水粉表现	水粉表现力强，并具有能够反复修改的优点
	彩铅马克笔表现	彩铅马克笔表现力强，都是快速表现的工具，水溶性彩铅与水混合能够形成浸润的感觉，马克笔绘制时不宜多遍覆盖
	计算机制图	景观设计常用软件包括Auto CAD、3ds max、Sketch Up、Lightscape、Photoshop、PowerPoint等，针对不同的设计方向应用不同的软件
	透视效果图表现	透视效果图是直观的景观设计成果的表现图，它直接反映着景观设计的效果,常见透视图包括一点透视、两点透视、三点透视、鸟瞰图等
	精细手工模型	精细模型是用来展示景观设计成果的表现方法，用于精细模型制作材料的种类繁多，但制作步骤基本相同
	计算机模型	计算机模型是运用多种设计辅助软件形成的完整的景观设计成果的综合性表达
制图标准	基本图幅尺寸和规格	景观设计图纸要满足基本图幅的尺寸，不同图幅尺寸应对应的不同阶段不同图例的表达
	线型及尺寸	景观设计图纸中，不同的表达内容应按照要求运用不同的线性和宽度进行表达
	相关规范	景观设计要按照相应的规范进行设计以及制图

思考题

一点透视图、两点透视图、三点透视图、鸟瞰图的应用范围包括哪些？有何优缺点？

练习题

1. 分别用工具线条、钢笔淡彩、水墨水彩渲染、水粉、彩铅马克笔做一些小的景观抄绘练习。

2. 选择某一建筑物的平面图、立面图绘制一点透视图、两点透视图、三点透视图和鸟瞰图。

第6章 景观设计综合应用

知识目标

- 了解景观设计综合应用的范围。
- 掌握广场景观设计的类型、设计原则以及各要素的设计要求。
- 掌握街道景观设计的类型、设计原则以及各要素的设计要求和设计步骤。
- 掌握居住区景观设计的分类、基本要求、设计原则，重点掌握各要素的设计要求和设计步骤。
- 掌握滨水区域景观设计的类型、设计要求和设计要点。
- 掌握主题公园（儿童公园、动物园、植物园等）的类型以及各要素的设计要求。

狭义的景观设计是指以“元素—方法”作为基本理论进行规划和设计，也就是“用什么方法和手段”对“哪些元素”进行组织和设计，从而达到最终的要求。景观设计的综合应用范围涵盖了3个层面，即宏观、中观和微观景观设计。其中，宏观层面的景观设计包括对土地环境生态和资源的评估和规划，工作过程包括对规划地域自然、文化和社会系统的调查分类及分析；中观层面的景观设计包括场地规划、城市设计、旅游度假区、主题园、城市公园设计；微观层面的景观设计综合应用范围包括街头小游园、街头绿地、花园、庭院、古典园林、园林景观小品等设计。本章所涉及的景观设计综合应用主要方向包括中观和微观的内容，并就这些内容中的常见综合应用范围进行阐述。

6.1 广场景观设计

广场是城市中由建筑、道路、绿地、水体等元素围合或限定形成的公共活动空间，具有较强的公共性和市民性，也被称为“城市客厅”。广场也是城市空间环境中最能反映城市文化特征和艺术魅力的开放性空间（图 6.1）。

图6.1 广场

6.1.1 类型

1. 根据功能要求的不同分类

广场从使用功能和景观设计的角度可以划分为纪念性广场、集散广场、休闲广场、商业广场、宗教广场等。很多广场实际上难以进行严格意义上的分类，它们往往是具有多种功能的综合性广场。

1) 纪念性广场（图 6.2）

纪念性广场是为纪念历史重大事件或历史人物并结合广场功能而设置的公共性空间，是传承历史遗存和弘扬历史文化的物质载体和空间场所。在这类广场中，具有历史意义的建筑及构筑物、纪念碑、雕塑、植物配置等景观元素在空间上往往成为控制性主体，是营造广场景观的关键。纪念性广场使城市更具有历史沧桑感，使城市更具有内涵并提高了城市的品质。

图6.2 纪念性广场

2) 集散广场

集散广场是城市公共空间交通系统的主要组成部分，是车流汇集、物流集散、人流换乘的场地。集散场地包括各类交通枢纽站前广场和主要道路汇集的集散广场。很多集散广场例如民用机场站前广场、火车站站前广场都是城市的关键节点，是一个城市的门户，这些广场与交通建筑一起形成了重要的城市景观意向。此外，运动场馆、影剧院等大型公共建筑的出入口广场也属于集散广场。

3) 休闲广场

休闲广场包括各类主题的文化广场、绿地广场、居住区广场以及各类附属广场等。

休闲广场的主要功能是为居民提供公共生活的休闲场所，同时还具有展示地域和城市文化、进行公共教育等功能。

4) 商业广场 (图 6.3)

城市商店、餐馆、旅馆以及文化娱乐设施集中的商业街或商业区常常是人流最集中的地方。为了疏散人流和满足建筑上的要求，一般都需要布置商业广场。商业广场因此成为附属于大型商业建筑的场地空间或者是商业街的组成部分。商业广场是集购物、展示、餐饮、休闲娱乐等功能于一体的综合性公共空间。

图6.3　商业广场

5) 宗教广场

宗教广场是各类教堂、寺庙、祠堂的附属广场，是进行各种宗教仪式、集会以及参观游览的公共性场所。宗教广场通常和宗教建筑结合形成整体广场空间形象，宗教建筑也往往是广场的控制性元素。

2. 按照平面形状的不同分类

1) 规则形广场

广场的形状比较规整对称，有明显的纵横轴线，广场上的主要建筑物往往布置在主轴线的重要位置上。

(1) 正方形广场。在广场的平面布局上无明显的方向，可根据城市道路的走向以及主要建筑物的位置和朝向来表现出广场的朝向。

(2) 矩形广场 (图 6.4)。在广场平面上有纵横方向的区别，能够分出广场的主次方向，并且有利于分别布置主次建筑。

图6.4　矩形广场

(3) 梯形广场 (图 6.5)。广场的平面为梯形，因此有明显的方向感，并且能够相对容易地突出主题。广场一般只有一条纵向轴线，主要建筑布置在主轴线上，布置在短底边上时，能够使主要建筑获得宏伟的效果；布置在长底边上时，能够使主要建筑获得与人亲近的效果。

图6.5 梯形广场

(4) 圆形和椭圆形广场 (图 6.6)。对于圆形和椭圆形广场周边的建筑，面向广场的立面一般都会按照圆弧形进行设计，以形成圆形和椭圆形的广场空间。

图6.6 椭圆形广场

2) 不规则形广场 (图 6.7)

由于用地条件、环境条件、交通条件、历史条件和建筑物的体型布置要求不同，因而形成不规则的广场平面形式。不规则广场的平面布置、空间组织、比例尺度、均衡规律等都需要仔细研究和推敲。

图6.7 不规则广场

6.1.2 基本原理

广场景观规划设计的基本原理主要是要处理好功能、形象和环境之间的关系。这三者之间是相互呼应、相辅相成的关系。首先广场的功能是为人的活动提供场所，因而其核心离不开人的行为和精神需求，因此设计时必须将人的需求和人的行为习惯考虑进去，不考虑人的因素，广场便失去了存在的意义。广场的形象体现着景观设计的主要意向，优秀的广场景观往往代表着城市的形象。广场的环境对应着生态作用、绿化作用等，这是任何一个规划设计都必须考虑的，在景观设计中显得尤为重要。

根据广场的功能、形象和环境之间的关系原理，在设计时需要考虑广场的范围和规模，即广场的尺寸和形状。功能和规模不同，尺寸大小和设计方法也不一样。同时还必须考虑广场的现状和定位，尤其要弄清楚广场在城市或区域中所处的位置以及周边状况如何，是供哪些人群使用的。广场的容量也是设计时要考虑的因素，容量即广场的设计密度，同样占地 10hm² 的广场，可以设计为容纳 2 万人，也可以容纳 5 万人。

6.1.3 设计原则

根据广场景观规划设计的基本原理，在处理广场空间组织关系方面要遵循以下 4 方面的原则。

1．整体与局部

广场的整体与局部是统一的整体，是相互依存的。广场的整体性主要从风格、形式、色彩等方面进行统一，局部的细节要服从于整体性，在这个前提下，局部细节可以适当变化，从而使广场的整体性更完善，更饱满。

2．功能与艺术

功能是广场存在的前提条件，因此广场的空间组织必须具有实用性，满足广场性质所决定的赋予人的特殊使用功能要求的条件。广场的主要使用者是人，因此人在其间所进行的各类活动都是直接感知广场环境和感受景观意向的，通过广场形象的艺术设计能够提高人们的审美能力和艺术修养，并使人们能够更好地认识和了解一个城市。

3．围合与开放(图6.8)

广场的围合与开放要适度，广场过于开放，会使广场空间空旷、涣散，使人们产生不安全感和恐惧的心理。广场围合度过高，会使广场的空间流动性和实用性降低，给人造成压抑和封闭的感觉。因此，通过地坪的立体化处理，或通过建筑物、构筑物、景观设施或绿化进行局部围合，以协调广场围合与开放的关系，改善人的空间尺度感觉。

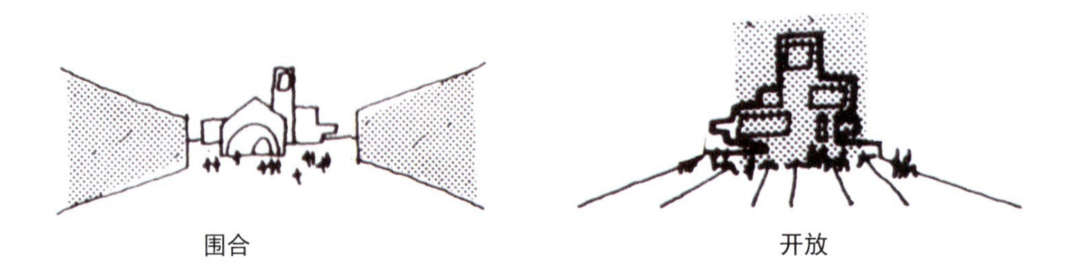

图6.8　广场的围合与开放

4．秩序与层次(图6.9)

进行广场景观规划设计时不需要将所有的元素都运用其中，把握好合理的尺度、良好的空间秩序、丰富的景观层次能够使广场满足使用者的合理需求。按照人的行为习惯，可以将广场划分为大小不同的空间，形成层次不同、开放性程度不同的空间领域，并通过这种划分形成丰富的广场景观序列。

图6.9　广场空间秩序与层次

6.1.4　元素设计

1．建筑物与构筑物

广场中的建筑物一般都具有主体控制性，也因此成为广场的重要标志物(图6.10)。建筑物无论在平面还是立面上都是广场围合和限定的重要元素。建筑的类型、风格、体量、尺度、细部处理、功能流线处理等都会对广场产生重要的影响。围绕广场的建筑物应该能构成广场连续的表面，统一风格的建筑立面有助于广场风格的形成和统一。如果广场中的建筑物风格多样，单体独立，将破坏广场的完整性，广场的景观意向也很难形成。

图6.10 建筑—广场中的标志物

广场的规模应该与界定它的建筑高度相匹配，才能获得合理的空间尺度。阿尔伯蒂(L.B.Leon Battista Alberti,1404—1472) 在关于广场规模与建筑的关系分析中提出：“一个广场上的建筑的适宜高度是开敞空间宽度的 1/3，最小是 1/6。”

2．道路与地面铺装

道路与广场的关系决定了广场空间的开放程度。广场的平面形式主要有矩形、梯形、不规则多边形、圆形、椭圆形以及不同形状的组合。广场应与道路有便捷的联系，同时又要避免交通干扰。广场道路设计主要能够使车流通畅、行人安全、方便管理，一般在广场内部人活动的区域要限制车辆通行 (图 6.11)。

图6.11 各种车挡

广场的地面铺装要有适宜的排水坡度，能够顺利地解决场面的排水问题。铺装材料的色彩、网格图案等应与广场上的建筑，特别是主要建筑物和纪念物取得密切的联系，并起到引导和衬托的作用。

3．植物

广场是大型的社会公共场所，同时兼顾休闲的功能，因此广场地铺铺装主要以硬质铺地为主，绿化及水面的面积一般不超过广场面积的50%。广场绿化应采取多层次、立体化的种植方式。同时绿化布置应不遮挡主要视线，不妨碍交通，并与建筑物组成优美的景观。广场绿化应具有较强的装饰性，比如各类造型别致的种植容器、花钵等。此外草坪面积要适当。

4．景观设施与小品(图6.12)

广场应为使用者提供充足的、优质的休息、卫生、信息、交流等设施。广场在保证各类设施的实用性的基础上，赋予它们一定的艺术品质，能够提升广场的形象。此外，雕塑和小品也是广场装饰中必不可少的元素，它们是极具表现力和装饰性的元素。

图6.12　广场景观设施与小品

6.2 街道景观设计

城市街道是人们认知城市最直观的体验场所，并具有极高的使用效率。城市街道是解决城市区域间交通问题的重要途径，同时也是直接反映城市面貌的公共场所。街道的形象能够直接影响城市的形象。

6.2.1 类型

按照市政道路设计的标准，通常根据机动车时速和交通通行量来划分街道类型。根据设计时速可分为高速公路和一般道路。根据景观设计的要求，可将街道分为标志性主要街道、商业街道、小街小巷、特殊街道 4 种。

1. 标志性主要街道

这类街道一般体现了一个城市的整体形象，是规格较高的街道。一般来说，城市主轴线上的街道、著名的商业步行街、景观大道等属于城市标志性主要街道，例如北京的长安街、上海的南京路等。

2. 商业街道(图6.13)

这类街道人流量大，商业氛围浓厚，是集合休闲、购物、游览、交流等多种行为的公共场所。很多商业街也具有城市标志性。

图6.13 商业街道

3. 小街小巷(图6.14)

小街小巷人流量较小，与当地居民的生活紧密相关。这种街道界面复杂，常常集民居、餐饮、商店等为一体。小街小巷也是最能反映地方特色的街道景观之一，是极具城市肌理的表现内容。近年来随着城市建设的快速发展，很多具有地方特色的小街小巷消失了，当地的很多民俗和民生文化也被磨灭掉了，使城市失去了传统的街道生活气息。

图6.14 小街小巷

4．特殊街道(图6.15)

特殊街道主要包括临山街道、滨水街道、城市景观大道、公园道路等。特殊街道除了可以满足基本的道路功能需求外，它还具有人为的设计因素。特殊道路更注重人工造景与自然景观的完美结合，无论是在街道的体量设计上，还是在形态和色彩设计上，都应与周围的环境平衡和协调。

图6.15 特殊街道

6.2.2 基本原则

街道设计要从确定街道的性质、结合区域文脉和城市肌理、确定街道景观设计的主题、突出街道景观设计的个性特征等几个方面进行综合考虑。街道景观空间设计主要包括街道本体设计和街道边界设计两个部分。街道本体景观设计分为街道与周边界面建筑物的高宽比例的确定、街道线性设计、街道板块结构设计等；街道界面设计分为沿街建筑物形态、外观，建筑物与街道的关系、街道与开敞空间（街角公园、广场、绿地等）之间的联系、室外广告招贴的规定、管理与维护，环境主体色彩等的设计（图6.16）。在街道景观设计中确定设计主题后，要保持街道空间具有连续性。在街道的连续性中，十字路口、路边广场、站前广场等是重要街道节点，这些节点设计得好坏直接影响到街道的景观质量。此外，对于街道地面铺装、街道绿化以及其他附属物都应进行仔细推敲和设计，因为这些细部直接被人们所感受，也是能够最直接地反映街道景观形象好坏的关键设计点。

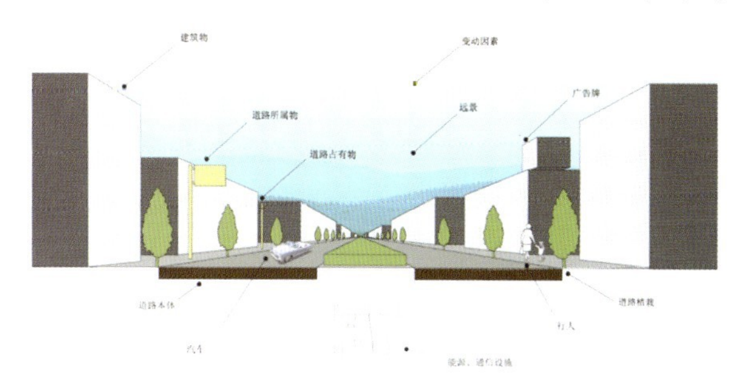

图6.16 街道景观界面设计关键点(丁圆，《景观设计概论》，2007)

6.2.3 设计原则

1. 系统性(图6.17)

街道景观设计具有连续性的特点，因此应当把它作为一个系统和整体进行考虑。在确定街道的整体基调后，需要确认街道的设计主题，结合城市街道的线性特征进行系统的设计，以保持街道空间的整体性和连续性。在这个连续性中，各个街道节点应具有个性并能够表现街道的区段性，实现统一中的变化，不致因统一性太高而导致审美疲劳。

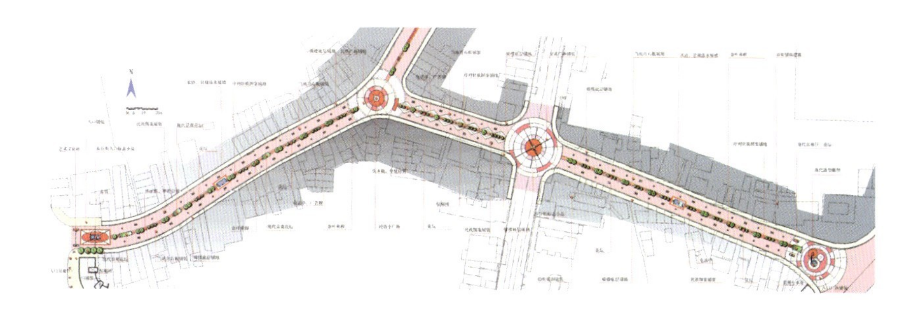

图6.17 贺州市商业步行街设计方案(广西城乡规划设计院)

2. 多功能性

城市街道已经不再是单纯地以交通为唯一功能的街道网络了，它也具有其他的街道空间功能以及具有较强的地方生活特色的交流空间功能。街道与周边空地（比如穿越性质的广场、街角公园绿地）和建筑物等相结合，使城市街道具有休闲、活动等其他多种使用功能。

3. 人性化

除了高速路以外，其他的道路在设计时不能只注重机动车的交通设计，还应该留意街道中人行的安全空间设计 (图 6.18)。设计时不仅要突出便捷、安全的步行网络，还应配合适当的商业、文化、景观设施等，使人们行走在街道上时能够较好地体验城市生活。通过结合街道不同的生活特性，以及考虑到自然因素、色彩、空间尺度和人的行为等影响，设置街道指示系统、视觉形象识别系统等，使街道景观设计具有生机勃勃、充满生活气息的特点，增加人们的认同感和归属感。

图6.18　地下通道

4. 适度性

城市街道对使用者的行为具有诱导性和限定性，适度的街道景观设计能够促进使用者适当行为的发生，使用者能够通过合理的街道景观设计提示选择合理的行为路径。过度的街道景观设计会造成环境和资源的极大浪费，因此在设计时应适度并提高街道的使用效率并给使用者留出一些想象的空间。

5. 文化性(图6.19)

街道景观特征要与地域文化相适应，只有与地域自然条件、文化氛围、风俗习惯结合得好的街道景观设计，才能加强和突出街道的地域特征。例如广东城市街道的“骑楼”，就是为了适应当地气候炎热的特点设计的，并且具有强烈的地域性和标志性。

图6.19　街道的文化性特征

6．可持续发展

新建街道的景观特征以及空间氛围的形成需要相对较长时间的发展和积累，进行街道设计时应从长远角度出发，以满足较长时间的使用容量以及景观要求，从而减少多次改造或者维修的频率，以避免大量资金、人力等方面的浪费。城市街道景观设计要兼顾环境效益、社会效益和经济效益，不能过分强调某一方面的效益而牺牲其他方面的效益，这样才能使街道保持可持续发展。

7．管理便利

街道在统筹设计时，应当切合实际从多个方面进行研究和比较，将规划设计中的功能布局、开发建设、规划管理等诸多因素转化为能够掌控的具体措施和办法，为道路管理提供较强的控制性、秩序性和引导性等。

8．保护性

对于具有传统文化和悠久历史的街道要进行保护和再利用建设，因为具有传统文化和历史印记的街道是体现现代都市文明的印鉴。没有它们的存在，居民缺少自信心和自豪感，城市缺少历史底蕴。在老街的保护与开发过程中，要对传统文化和生活方式进行保护和创新，使老街传统文化能够得到更好的继承和发展。设计时，确定设计主题和基调是关键的环节。

6.2.4 元素设计

构成街道空间的景观元素除了包括前面章节中提到的植物、水体、建筑物、景观设施和小品等物质元素外，还包含了文化的要素以及其他的一些元素。由于街道空间元素种类的多样性，形成了街道空间综合的集自然和人为因素为一体的景观特征。因此，要对街道空间景观元素进行梳理和归纳，从而更好地把握其景观特征。

1．物质要素

1) 基本要素

(1) 自然地形和环境 (图 6.20)。自然地形和环境是指地形地貌 (如街道起伏、坡度等) 以及周边的视觉相关联物体 (如山体、江河湖海、森林、城墙、纪念碑、大型建筑物等)。街道景观也是建立在自然地形和环境基础之上的，因此，街道的空间结构和形式以及人们在街道上的行为活动方式也会受到自然地形和环境较大的影响。例如起伏的山地丘陵地形形成蜿蜒曲折的街道。同时，利用街道的轴线和视线的对应，周边的山体、水体、特色建筑物和构筑物等借景使街道与自然环境能够良好地结合，对确定街道方位和个性具有极其重要的作用。

(2) 路面 (图 6.21)。街道路面以及路面板块的分隔状态是街道最基本的组成元素，它不仅具有交通功能，同时也是街道景观的主要观赏点。

图6.20 与自然地形相结合

图6.21 街道路面板块的分隔

(3) 植物。街道栽植和绿化主要包括行道树、树池花台、街边绿地等。

(4) 景观设施与小品 (图 6.22)。街道景观设施与小品不仅是街道界面的构成要素，也是创造街道的空间形态和比例关系、街道个性、舒适性和人性化的重要内容。其中街道两侧的建筑物或构筑物 (如商店、办公楼、围墙等)、广告设施 (如路边广告牌、招牌、屋顶广告、广告灯箱等)、路边分隔围合用的绿篱、花台、栅栏等以及与街道相连的广场、街心公园等都是形成街道界面的主要构成要素。街道附属物人行道护栏、便道桩、过街天桥等也是分隔和构成街道空间的主要元素。街道标识物包括街名牌、各种交通标识等可以为人们的行为活动提供信息化的服务。街道照明设施可以为人们的夜间交通出行提供安全的保障。服务设施包括公共汽车站台、出租车、班车等设施，活动公厕，座椅，饮水装置，废物箱等。

图6.22　街道景观设施与小品

2) 地下空间要素

地下空间是街道空间的重要组成部分，它与地面的相接部分直接影响街道的景观构成(图 6.23)。如开敞的半地下空间能够丰富街道垂直空间构成，地下的通风采光口出地面的高度、体量、材料会影响街道的空间层次、造型和色彩组成。地下空间具体包括地下交通设施(地铁、地下连接通道、地上与地下连接通道等)、地下商业设施(地下商业街、地下或半地下广场等)、地下市政设施(天然气、电力、供暖等能源设施，电话、网络等通信设施，给水、雨水、污水设施)、地下安全设施(通风、采光、应急逃生口)等。

图6.23　地铁空间

2．行为要素

进行街道景观设计最终是为了让人来使用和观赏的，因此在进行街道设计时要考虑人在街道中的行为习惯。只有将街道的物质因素和人的行为要素结合起来进行设计才是有实在意义的设计。例如商业步行街的设计，它不仅能够起到疏散交通人流的作用，更重要的是能够为人们提供一个休闲(漫步、购物、游览以及休息)的空间，因此在设计时要考虑人们漫步时或休息时对街道景观的不同需求。

3．时间和空间的变化要素(图6.24)

时间和空间的变化要素主要包括地域气候和时间变化，例如气候、季节等。在季节

图6.24　街道冬季景观

分明的地区，降雨、降雪、刮风等自然现象会对人的活动、沿街植栽(植物的生长、形态、变色等)、停滞方式(例如休息、短暂逗留等)、停滞时间、沿街建筑形态等产生影响。在降雨丰富的地区，设计师要考虑如何创造雨天所特有的景观氛围，并且随着季节和时间的变动，雨天街道的润泽、雾天的朦胧、晚霞的灿烂等自然景观都可以演化为街道景观设计的构成要素。

6.2.5　设计步骤

1．明确主题

通过对地域文化以及城市肌理的调查和研究，按照街道的性质和要求确定街道景观设计的主题和整体氛围，形成与环境相融合并具有个性的街道景观特征。

2．空间形态设计

街道空间形态设计主要包括街道本体设计和街道界面设计两个部分。街道本体景观设计分为街道与周边界面建筑物的高宽比例确定、街道线性设计、街道板块结构设计等；街道界面设计分为沿街建筑物的形态，外观，建筑物与街道的关系，街道与开敞空间(街角公园、广场、绿地等)之间的联系、室外广告招贴的规定、管理与维护、环境主体色彩等设计。设计前应收集有关街道的资料信息，通过分析和整理得出设计的前提条件(图6.25)；同时也应从理想化的规划设计结果出发，反向提出设计条件并与现实的分析结论相比较，尝试调整设计方法或设计重点，修正或预测街道规划设计的结果。通过这几种方法，相互验证，确保设计主题和方向的正确性，同时也可以从整体上保持街道景观的连续性。

滨江东路沿江大道景观设计

整体分析：首先该路段位于柳江边靠近商业中心，也是柳江景观区的重要观光点，该路段与住宅区也相近，结合商业区，在该路段观光的人流量比较大，且左右两边分别为文汇桥和柳江大桥，车流量也比较大，且该路段的江对面为江滨公园，观光人流量比较大，两者与柳江的景观首尾呼应。

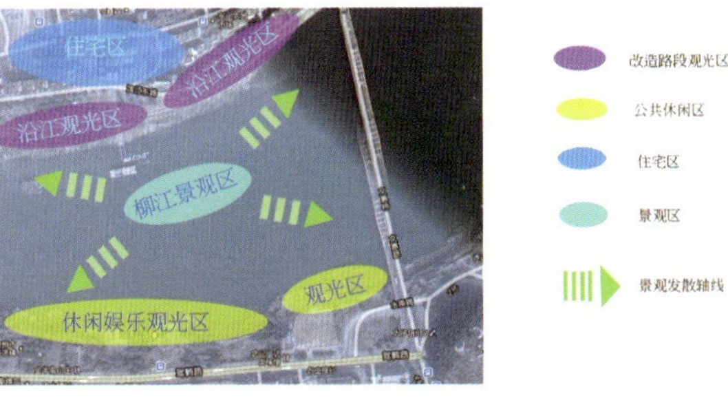

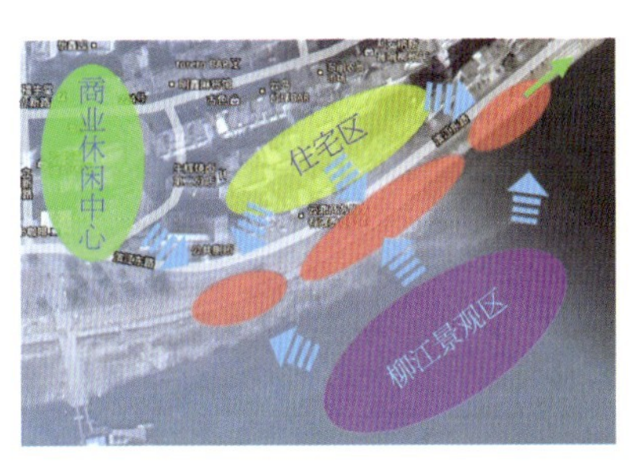

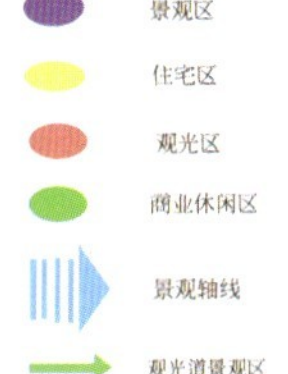

其次，柳州为亚热带季风气候，且柳州为喀斯特地貌比较湿热，适宜喜温的植物生长。柳州是中、下游的分界。柳江水系呈树枝状，上游河道滩多流急，中、下游水势平缓。

图6.25　环境资料前期分析(杨杰，学生作业)

街道空间形态主要表现为街道的高宽比，一般用 L 表示街道的宽度，H 表示街道两侧建筑物的高度，对于一般城市的交通干道和景观大道，街道的高宽比应控制在 L/H=1 ～2 之间。当 L/H>3 时，街道就会感觉较宽，难以控制。因此需要通过设计街心绿地或利用行道树的绿化植栽进行空间分割、控制整体空间尺度，同时需要加强空间景观视觉感受，例如设置轴线断电的景观标志物，形成对景、借景等手法。对于小街、小巷、商业步行街等，高宽比一般小于等于 1，但尽量不要过小，否则会显得拥挤和狭窄 (图 6.26)。

图6.26 街道高宽比

街道的长度一般控制在街道宽幅的 15 ～ 40 倍左右，约在 1000 ～ 2000m 范围内。街道分段设计时应考虑街道的连续性，避免出现过多的过街天桥等影响视线的构筑物出现。

3．景观节点设计

街道的景观节点主要包括交通十字路口、环岛、相邻广场等，例如街道交叉口的交接方式就有十字型、Y 字型、丁字型、L 字型、转折型和 N 交叉型 (比如五岔路口) 等 (图 6.27)。在设计时应首先考虑街道转角的标志性物体的位置和体量、造型，其次是转角处的特殊处理，例如铺装材料、方式和色彩的变化等。这些节点是街道景观重要的观赏点，节点设计得好坏将直接影响到街道景观的质量，一般应在确定整体街道景观形象的基础上，对重要的景观节点进行重点和特殊的设计。

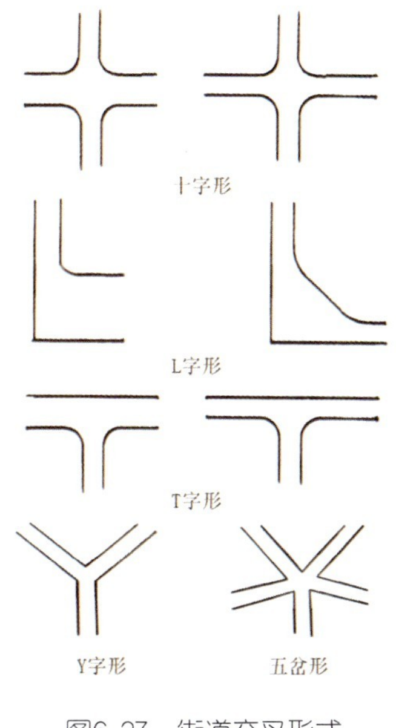

图6.27 街道交叉形式

4．细部装饰设计

细部装饰设计主要包括路面铺装、植栽、设施和小品等附属物的设计。街道的细部装饰设计与人们的行为活动和心理有着直接的联系，并通过人的直接接触形成最直接的景观品质。因此在进行细部装饰设计时，必须考虑到人的行为活动对细节的要求。

6.3　居住区景观设计

居住区景观设计是满足居民居住、工作、休息、文化教育、生活服务、交通等方面要求的综合性设计。随着人们生活水平的不断提高，人们对居住环境质量的追求也越来越高。人们更渴望自己的生活环境能够体验到自然的鸟语花香的感受，这也对居住区的景观设计提出了很高的要求，近年来居住区的环境有很大的改善，越来越朝着人居化、人性化的设计理念方向发展。

居住区景观规划设计主要包括硬性环境和软性环境两部分，这两部分是相互依存的，是构成居住区生态平衡不可缺少的两个基本要素。其中硬性环境主要是指物质设施、物理因素的总和，主要包括自然因素、人口因素、空间因素等，具体体现为住宅建筑、公共设施、构筑物、道路、广场、绿地、娱乐设施和健身设施等。软性环境主要指精神上的环境，比如生活便利性、品位和情调、舒适水平、信息交通、归属感等。居住区景观设计需要将硬质环境和软质环境进行综合统一，协调好人与它们之间的关系。

6.3.1　分类

居住区的分类较复杂，按照不同的标准和方向可进行不同的专项分类。

1．用地组成

根据用地性质和功能的不同要求，可以将用地分为住宅用地、公共服务设施用地、道路用地和绿地 4 类 (表 6-1)。

表6-1　居住区用地平衡指标

用地构成	居住区	小区	组团
住宅用地(R01)	50～60	55～65	70～80
公建用地(R02)	15～25	12～22	6～12
道路用地(R03)	10～18	9～17	7～15
公共绿地(R04)	7.5～18	5～15	3～6
居住区用地(R)	100	100	100

1) 住宅用地

住宅用地指居住建筑基底占用的以及建筑前后左右必须留出的一些空地，这些空地包括住宅日照间距范围内的土地、通向居住建筑入口的小路、宅旁绿地等。

2) 公共服务设施用地

公共服务设施用地指居住区各类公共建筑和公共设施建筑物基底占据的用地及其周围的专用地，包括专用地中的通路、场地和绿地等。

3) 道路用地

道路用地是指小区内各级道路的用地，包括路面、小广场、非公建配建的居民汽车地面停放场地。

4) 绿地

居住区绿地主要指居住区公园、小游园、运动场、林荫道、小块绿地以及成年人休息和儿童活动场地等。

2．居住区规模(图6.28)

居住区规模包括人口和用地两个方面，一般以人口数作为规模的衡量标志。居住区规模可以分为组团、居住小区、居住区 3 类。

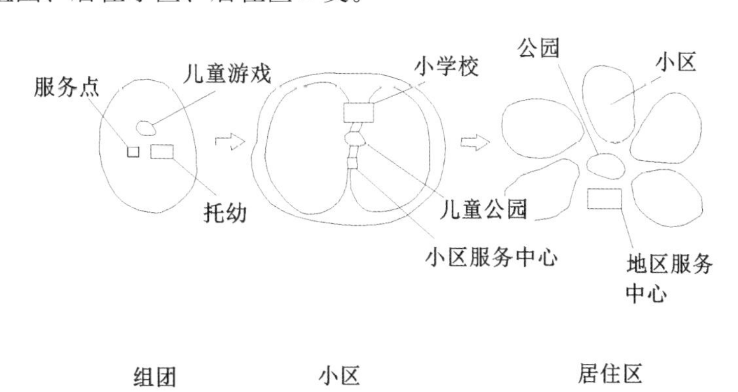

图6.28 居住区规模

1) 组团

居住组团是构成居住小区的最基本的单位，它一般由若干栋住宅组成，地块不为小区道路所穿越，内设最基本的居民管理服务设施和绿地。居住组团规模一般为 1000 ~ 3000 人，有 300 ~ 1000 户，用地约为 4 ~ 6 公顷。

2) 居住小区

居住小区由城市道路或者自然地形（比如河流等）进行自然划分，由较完整的、相对独立的并能够较好地满足居民日常生活需要的服务设施和公共绿地的完整地块组成。城市道路一般不穿越区内的生活居住地段。居住小区一般由多个居住组团组成，规模一般为 10000 ~ 15000 人，有 3000 ~ 5000 户，用地约为 10 公顷。

3) 居住区

居住区一般指不同居住人口规模的居住生活聚集地和由城市道路或自然分界线所围合的地块。居住区一般配建有完整的和完善的能够满足居民日常生活和文化需要的公共服务设施。居住区规模一般为 30000 ~ 50000 人，有 10000 ~ 16000 户。

3．工程分类

根据居住区的施工工程分为建筑工程和室外工程两类。

1) 建筑工程

建筑工程主要为居住建筑、公共建筑、生产性建筑、市政公共建设用房（比如泵站、调压站、锅炉房等）以及小品建筑等。

2) 室外工程

室外工程主要包括地上、地下两个部分，主要包括道路工程、绿化工程（各类绿地以及种植绿化等）、工程管线（给水、排水、供电、煤气、供暖等管线和设施）以及挡土墙、护坡、踏步等。

6.3.2 基本要求

居住区景观设计是一项综合性较强的设计工作，它涉及的面较广，一般要能够满足使用要求、卫生要求、安全要求、经济要求、施工要求和美观要求等。

1．使用要求

居住区景观设计首先是为居民创造一个生活方便的居住环境，在这个基础上，提高居住环境质量是最终的目标。居民的使用要求是多方面的，例如为满足不同住户的人口数和气候特点而设计不同的住宅套型。为满足居民生活的多种需要，需要合理地设置和确定公共服务设施项目数量和位置（如菜市场、学校、银行等）、合理地布置居民室外活动场地（如各类球场、运动设施场地、公共休闲绿地等）。

2．卫生要求

进行居住区景观设计时还需要考虑为居民提供一个卫生和安静的居住环境，因此要保证居住区有良好的日照和通风等条件，并能够进一步降低噪声、减少灰尘、避免污染等。在设计时可以通过合理地选择居住区地块来避免有害污染影响居住用地；通过植物的合理配置、水体的小气候等功效来达到降噪防尘的目的。

3．安全要求(图6.29)

进行居住区规划设计时除了要保证居民的正常生活之外，还要为居民创造一个安全的居住环境。在居住区的安全设计要求中，防火、防震减灾都是要着重考虑的。在防火规范中，其中就有当建筑沿街布置时，从街坊内部通向外部的人行通道的间距不能超过80m的要求，当建筑长度超过160m时，应留出消防车通道，其净宽和净高都不应该小于4m。在防震减灾的规定中，要求居住区内的道路应该平缓畅通，便于疏散，并布置在房屋倒塌范围之外，在有些城市的居住区建设中，规定人防建筑面积为住宅建筑面积的7%。因此通过建筑防火、防震构造、安全距离、安全疏散通道、人防地下构筑物等方面的合理设计能够有效地防止灾害的发生或者降低其危害程度。

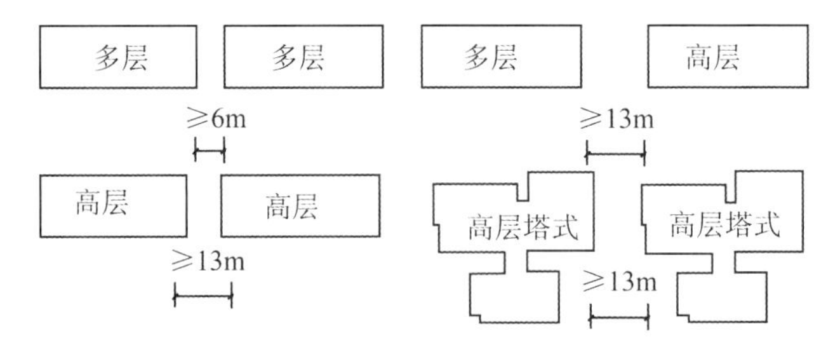

图6.29 住宅侧面最小间距

4．经济要求

降低居住区建设的造价和节约城市用地是居住区规划设计的一个重要任务。为了满足居住区规划和建设的经济要求，一般用一定的指标数据进行控制，这些指标包括总用地面积（在居住用地红线范围内扣除城市道路、河流湖泊等用地后剩下的可建设用地面积）、总建筑面积（小区内各种层数的住宅和各类公建的建筑面积总和）、住宅建筑面积（小区内各种层数住宅的建筑面积的总和)、住宅建筑毛密度(又称为容积率，指小区可开发用地内的建筑总面积与小区总用地面积之比，是衡量一个小区居住环境的指标，直接涉及到居民的舒适程度，在各种不同类型住宅的居住小区中，容积率的指数不一样)、住宅建筑净密度(小区内住宅建筑基底总面积与住宅用地面积之比)、绿地率(小区内各类绿地面积的总和与整个小区用地面积之比，绿地率在新区建设中不应低于30%，旧区改建不宜低于25%)。其他还包括居住户数、居住人数、平均层数等。此外，还必须善于运用各种规划布局手法，为居住区修建的经济性创造条件。

5．施工要求

居住区景观规划设计应当有利于施工的组织和管理，在施工时需要保证按建设程序执行。例如住宅的形体不宜复杂，建筑排列的前后错口应不小于塔吊“转塔”时所需的间距，一般不小于7m；建筑单元之间的错落尽可能小于2m，以利于起重量为60t/m的起重机一次吊装。

6．美观要求

进行居住区景观设计的最终目标是为居民创造一个优美的居住环境。居住区的形象对城市面貌会产生很大的影响。在设计时可以通过合理的建筑群体组合和布局、良好的环境设计、便捷的公共设施和小品设计、优美的植物种植设计等方法使居住区景观达到美观的要求。

6.3.3 设计原则

居住区景观设计是城市环境景观设计的一个重要组成部分，在设计时应充分体现自然景观、人工景观与人文景观的良好结合，并遵循以下几项基本设计原则。

1．功能性(图6.30)

在居住区的景观设计中，首先要满足其功能性需求，即能够满足人的行为需求和心理需求。人们在居住区户外进行休息、娱乐和邻里交往等各种活动时，需要根据人们的行为习惯设计相应的环境设施以满足其使用功能的要求，例如人车分流能更好地满足人们在小区内散步的安全性的需要等。此外，还需考虑老龄化、残疾人等的特别需求。满足人的心理需求主要是通过景观设计满足居民对私密性、舒适性和归属性的要求，并且可以通过不同的形式、色彩和质感等满足不同的心理需求。

图6.30 廊架的功能性

2．统一性(图6.31)

居住区的统一性是形成主要景观意向的关键性因素。在进行居住区景观设计对各要素进行组合时，要注意整体和统一关系、主次从属关系等，以避免不同形式、色彩、风格等产生对立与冲突。

图6.31 万科第五园各要素的统一性

3．舒适性(图6.32)

居住区景观设计能够让居民在使用上和视觉上感觉轻松、安逸，可以通过日照光影、优美的绿化、清新的空气、便捷的环境设施等设计使小区环境具有较高的生活舒适性。

图6.32 便捷的环境设施带来的舒适性

4．通达性(图6.33)

在人车分流的基础上，能够使居民包括残疾人、老年人、儿童可以通过步行无障碍地到达目的地。交通流线设计需要清晰而便捷。

图6.33 无障碍通达性

5. 识别性(图6.34)

进行居住区景观设计时要能将各类不同的空间区分开来，例如私密空间、半私密空间、半开放空间、开放空间应有不同的表达方式，在设计时应体现不同的个性，使居民能够辨别自身所处的空间位置，并且能够选择最佳的方式到达目的地。

图6.34 万科第五园不同开放程度的空间形态

6. 连续性

居住区景观的整体设计要保持整个环境空间的连续性，主要包括建筑、道路、铺装、植物、设施与小品等设计能够使景观效果达到移步换景的效果，并且能够使这种景观效果得到延伸，在延伸的过程中各种元素的构成、节奏、形式、色彩与质感等得到良好的协调。

7. 可持续性

居住区景观设计在能够满足基本的功能和美观要求的基础上，应更注重结合和利用自然环境，能够较好地保护和利用现有的地形、地貌、水体、绿化等自然条件，引入已经存在的自然界要素并加以保护和利用，以推动整个居住环境得到良好的可持续发展。

8. 文化性

不同的地域文化、地形气候条件、居民的生活方式都会对居住区的文化产生不同的影响。不注意考虑文化的差异性而简单地进行“拿来主义”是行不通的，例如中西文化差异较大，完全地照搬将与当地的文化产生矛盾。因此，对于居住区景观设计中的环境条件、建筑风格、审美情趣等，都应该遵循当地的文化特色，并通过空间形态、界面色彩、细部表达等方面来表达不同的地域文化特征。

9. 艺术性

在满足基本的功能需求之上，居住区景观设计的风格应具备多元性特色以创造出具有观赏价值并且温馨的居住环境。

6.3.4 元素设计

1．住宅与公共建筑

住宅及公共建筑是居住区景观设计的主要内容，其中住宅及其用地不仅占了居住区用地的绝大部分面积，并且在居住区风格的形成以及体现城市面貌方面起到了重要的作用。

1) 住宅

(1) 类型。按照使用对象的不同，可以将住宅建筑分为住宅和宿舍 (或公寓) 两类。住宅是供以家庭为单位的用户居住的建筑，也是居住区内应用最广泛的类型 (图 6.35)。宿舍 (或公寓) 是供单身居住的建筑，一般主要位于学校、企业厂矿等区域。

图6.35　居住区中的住宅

按照层数可将住宅划分为低层住宅(1 ～ 3 层)、多层住宅(4 ～ 6 层)、小高层住宅(7 ～ 9 层)、高层住宅 (10 层以上)4 类。

单元式住宅是居住区住宅建筑中使用最广泛的类型，随着在水平和垂直面上的空间利用不同而产生各种不同的单元形式，主要包括梯间式、内廊式、外廊式、内天井式、点式和越廊式等几种形式。梯间式、内廊式、外廊式一般都用于多层和高层，是多层和高层住宅建设中最常见的形式，用地比较经济。内天井式是梯间式和内廊式住宅的变化形式，其增加了内天井，使住宅进深加大，对节约用地有利，一般多见于较低的多层住宅。点式住宅是独立式单元的变化形式，适用于多层和高层住宅，梯形短而活泼，进深大，因此具有布置灵活和丰富群体空间组合的特点，有利于节约用地。越廊式住宅是内廊式和外廊式住宅的变化形式，一般适用于高层住宅。

(2) 层数与比例。按照住宅层数的不同，可以将住宅划分为低层、多层、小高层和高层住宅几种类型。从用地经济的角度来看，提高层数能节约用地。从节约用地的角度来看，高层住宅是解决城市用地紧张的途径之一，但是并不是层数越高用地越经济，并且层数越高一般造价也会越大，并且层数的不断增加会对人的行为活动和心理产生一些不利的影响，在使用上也会带来某些不便，因此在设计时需要考虑多方面因素，权衡各方面利弊进行不同高度住宅的选择 (表 6-2)。

表6-2 不同高度住宅的人均居住区用地控制指标

居住规模	层数	建筑气候区划		
		Ⅰ、Ⅱ、Ⅵ、Ⅶ	Ⅲ、Ⅴ	Ⅳ
居住区	低层	33～47	30～43	28～40
	多层	22～28	19～27	18～25
	多层、高层	17～26	17～26	17～26
居住小区	低层	30～43	28～40	26～30
	多层	20～28	19～26	18～25
	中高层	17～24	15～22	14～20
	高层	10～15	10～15	10～15
居住组团	低层	25～35	23～32	21～30
	多层	16～23	15～22	14～20
	中高层	14～20	13～18	12～16
	高层	8～11	8～11	8～11

(3) 布置方式。居住区的住宅建筑空间布置方式一般有行列式布置、周边式布置、混合式布置、自由式布置几种 (图 6.36)。

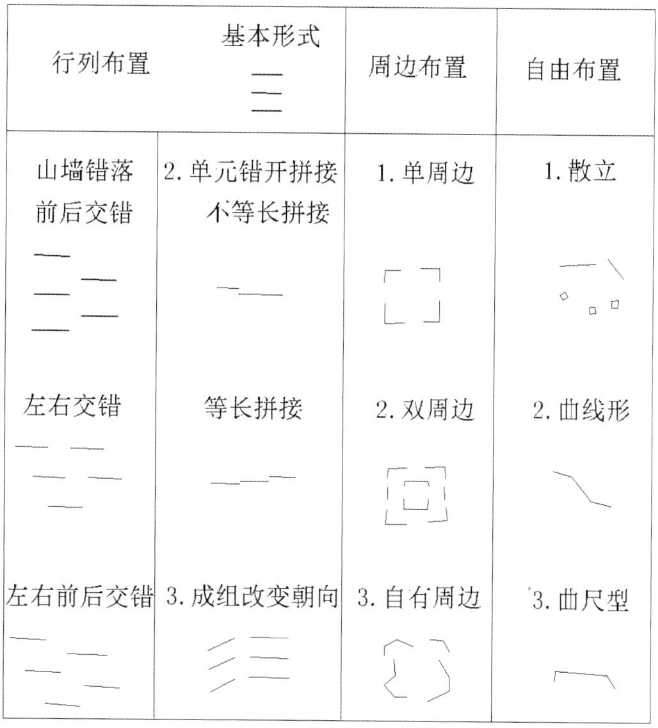

行列布置	基本形式	周边布置	自由布置
山墙错落 前后交错	2. 单元错开拼接 不等长拼接	1. 单周边	1. 散立
左右交错	等长拼接	2. 双周边	2. 曲线形
左右前后交错	3. 成组改变朝向	3. 自有周边	3. 曲尺型

图6.36 居住区住宅布置形式

① 行列式布置是按照一定的朝向和合理间距成排布置的形式。这种布置形式被广泛采用，因为其能使绝大多数居室获得良好的日照和通风。

② 周边式布置是沿街坊或院落周边布置的形式。这种布置形式形成封闭的空间，组成的院落较完整，便于组织公共绿地。这种布置形式还有利于节约用地，提高居住建筑

面积密度。但其中有一部分的居室朝向较差，转角建筑单元结构和施工相对复杂，不利于抗震，造价也相应增加。

③ 混合式布置是行列式布置与周边布置相结合的方式，其中以行列式的布置方式为主，辅以少量住宅或公建沿道路或院落周边布置，形成半开敞的院落形式。

④ 自由式布置是指居住建筑结合地形，在考虑到日照和通风要求的前提下成组灵活布置。

2) 公共建筑

公共建筑与居民的生活密切相关，是为满足居民基本的物质和精神生活方面的需要而服务的建筑类型。居住区内的公共建筑一般根据公共建筑的使用性质和居民对公共建筑使用的频繁程度来进行分类。

(1) 分类。① 按照公共建筑的使用性质可分为以下几种。

a. 教育系统——包括托儿所、幼儿园、小学、中学。

b. 医疗卫生系统——包括医院、门诊所、卫生站等。

c. 商业、服务业系统——包括菜场、百货、服装、日杂、家具、五金、交电、眼镜、钟表、书店、药店、饭店、理发、浴室、照相、洗染、修理、服务站、招待所等。

d. 文娱、体育系统——包括影剧院、俱乐部、图书馆、游泳池、体育场馆、青少年活动中心、老年人活动中心等。

e. 金融邮电系统——包括银行、邮电局、邮电所等。

f. 行政管理系统——包括商业管理、街道办事处、居民委员会、派出所等。

g. 市政公用系统——包括公共厕所、变电所、消防站、垃圾站等。

h. 其他——包括街道第三产业等。

② 按照居民对公共建筑使用的频繁程度可分为以下几种。

a. 使用频繁程度高的公共建筑有小商店、菜场、托儿所、幼儿园、服务站、居委会、青少年活动中心、小学、中学等。

b. 使用频率较低的公共建筑有百货、服装、家具、交电、五金、眼镜、照相、钟表、药店、邮电、银行、医院、街道办事处、派出所、影剧院、俱乐部、图书馆等。

(2) 定额标准。居住区的公共建筑定额指标主要包括建筑面积和用地面积两个方面。公共建筑的定额指标一般有两种计算方法，其中一种方法主要以每千居民为计算单位，也称为千人指标，也是主要的计算方法。这种计算方法主要是根据建筑的不同性质而采用不同的定额单位来计算建筑面积和用地面积，例如幼儿园、中小学、饭店等以每千人多少座位来计算。另一种是按照民用建筑综合指标进行计算，是按照厂矿气和每职工多少平方米进行计算的。

(3) 布置方式。公共建筑应按照分级（主要根据居民对公共建筑使用的频繁程度）、对口（指人口估摸）、配套和集中与分散相结合的原则进行规划布置。

① 按照居民对公共建筑使用的频繁程度可以将其分为 3 级，其中第二级和第三级的公共建筑都是居民日常必需的。第一级（居住区级）主要包括专业性的商业服务设施、影剧院、俱乐部、图书馆、医院、街道办事处、派出所、邮电、银行等。第二级（居住小区级）主要包括菜场、综合商店、幼托、小学等。第三级（居住组团级）主要包括居委会、卫生站、

服务站、小商店等。

② 公共建筑规划布置要求主要有合理的服务半径(居住区级：800 ～ 1000m，居住小区级：400 ～ 500m，居住组团级：150 ～ 200m)，应设置在交通方便、人流集中的地段，各级公建宜与相应的公共绿地毗邻。

2．道路

进行居住区内道路的规划景观设计时应合理安排各类设施、建筑物和公共绿地，道路的布置应该有利于居民寻访、识别，并能够创造出有特色的居住环境。

1) 分类

居住区内道路一般分为车行道和步行道两类。车行道主要用于实现居住区与外界及居住区内部机动车与非机动车的交通联系，是居住区道路系统的主体。步行道通常与居住区内各级绿地系统相结合，起到联系各类绿地、活动场地和公共建筑的作用。

居住区内道路一般分为 4 级 (图 6.37)，即居住区级道路、小区级道路、组团级道路和宅间小路。各级道路宜分级衔接，并能够组成完整的交通网络，形成层次分明的空间感。

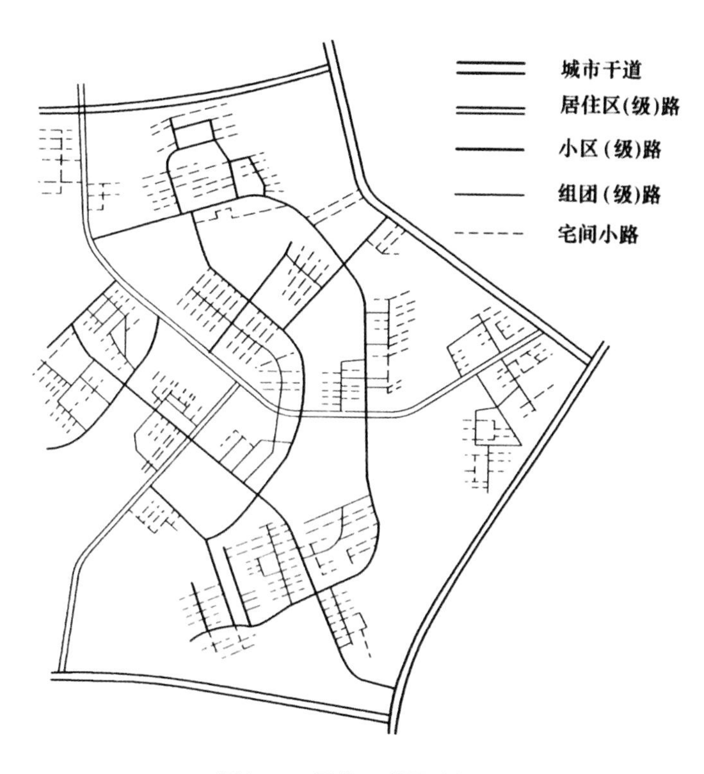

图6.37 居住区道路分级

(1) 居住区级道路：红线宽度不宜小于 20m。

(2) 居住小区级道路：路面宽 5 ～ 8m，道路两侧建筑控制线之间的宽度不宜小于 14m(采暖区) 和 10m(非采暖区)。

(3) 组团级道路：路面宽 3 ～ 5m，道路两侧建筑控制线之间的宽度不宜小于 10m(采暖区) 和 8m(非采暖区)。

(4) 宅间小路：路面宽度不宜小于 2.5m。

2) 基本要求

(1) 居住区内道路边缘至建筑物、构筑物的最小距离应符合规范 (表 6-3)。

表6-3 居住区内道路边缘至建筑物、构筑物的最小距离

与建、构筑物的关系 \ 道路级别		居住区级道路	小区级道路	组团级道路及宅间小路
建筑物面向道路	无出入口	高层5m 多层5m	3m	2m
	有出入口		5m	2.5m
建筑物山墙面向道路		高层4m	2m	1.5m
围墙面向道路		1.5m	1.5m	1.5m

注：居住区道路的边缘指红线；小区级道路、组团级道路及宅间小路的边缘线指路面边线。

(2) 居住区位于山区和丘陵地区时，道路系统设计应因地制宜，人行道和车行道宜分开设置，主要道路宜平缓，各类道路的纵坡控制指标如下。

① 机动车道：最大纵坡应≤ 8%，且坡长≤ 200m(多雪严寒地区最大纵坡≤ 5%，坡度≤ 600m)。

② 非机动车道：最大纵坡应≤ 3%，且坡长≤ 50m(多雪严寒地区最大纵坡≤ 2%，且坡长≤ 100m)。

③ 步行道：最大纵坡应≤ 8%，当大于 8% 时应辅以梯步，多雪严寒地区最大纵坡应≤ 4%。

如果车道为单车道，则每隔 150m 左右应设置车辆会让处，区内尽端处车道长度不宜超过 120m，且在尽端处应设置不小于 12m × 12m 的回车场地。在居住区内还应考虑消防车道的设置，消防车道宽度不应小于 4m，穿越建筑物门洞时，门洞净高和净宽也应该不小于 4m。

3) 设计原则

(1) 进行居住区道路景观设计时应根据地形、气候、用地规模、人口规划、规划组织结构类型和布局、用地外围交通条件、居民出行方式等，提供经济、便捷和安全的道路系统和道路断面形式。

(2) 联系居住区内外的道路应实现“顺而不穿，通而不畅”的布局，避免小区内车辆过境穿行和迂回往返的布局。

(3) 居住区内的道路设计应有利于区内各种设施的合理安排，有利于建筑物布置的多样化，为创造特色而优美的环境提供基本的条件。

(4) 居住区内的道路应分级设置，以满足居住区居民不同的交通出行方式要求，满足消防车、救护车、市政工程车等车辆的通行要求，并留出足够的车辆停放场地。

(5) 道路布置应有利于两侧住宅布置获得良好的日照和通风条件，并应具备较强的可识别性和导向性。

(6) 居住区道路两侧的环境景观设计应符合导向性的要求，道路两侧的绿化种植、景观设施与小品、道路路面铺装以及色彩等应满足人在行进中的景观需求，以创造出流动的风景 (图 6.38)。

图6.38　万科第五园流动的风景

4) 布置方式

(1) 按照居住区各级道路使用的不同规定，结合道路的线性、断面等进行设计。

① 居住区内主要道路的布置形式常见的有丁字形、十字形、山字形等。

② 居住小区内部道路的布置形式有环通式、尽端式、半环式、混合式等 (图 6.39)。

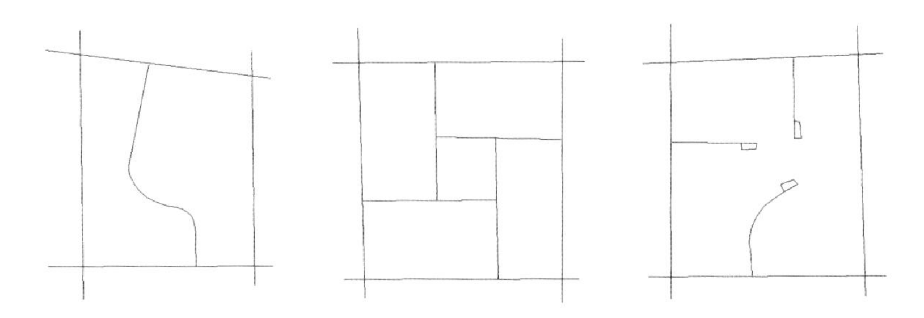

图6.39　居住区内的道路布置方式

(2) 居住区道路应根据居住区规模、现状条件和周围交通等情况进行综合考虑。

① 人车分流系统——这种道路系统由车行和步行两套独立的道路系统组成，交叉处设立交或地下通道。人车分流能够使居住区空间环境得到较好的动静分区，并能够给人的出行提供较大的安全保障。

② 人车混行系统——这种道路系统主要将车行道和步行道混合应用于一个道路系统中。这种道路系统能够方便车行更直接地到达目的地，缺点是安全性降低，高峰期车行和步行效率也有所降低。

③ 人车部分分流系统——这种形式在人车混行的道路系统基础上，另外设置一套联系住宅出入口和区内各级公共服务设施的专用步行道，但步行道和车行道的交叉处不采用立交或地下通道。

3．绿地与植物配置

居住区绿地和植物配置能够为居民创造卫生、舒适、安静、美观的居住环境，是居住区景观设计中的重要组成部分。它不仅能够美化环境，还能够起到改善小气候、净化空气、降低噪声等作用。在进行居住区绿化设计时，植物的种植还能与建筑物以及其他要素形成丰富的空间形态，使居民能够在轻松和愉快的生活方式中找到乐趣 (图 6.40)。

图6.40 居住区绿地与植物配置

1) 分类

居住区内绿地主要包括公共绿地、宅旁绿地、配套公建绿地和道路绿地等，绿地率在新区建设中不应低于 30%，在旧区改造中不宜低于 25%。

(1) 公共绿地。公共绿地是指居住区内居民公共使用的绿化用地，例如居住区公园、居住小区公园、林荫道、组团绿地等。各类公共绿地宜采用开敞式布置，并至少有一个边与相应级别的道路相邻，以方便居民使用。公共绿地内的绿化面积 (含水面) 不宜小于 70%。最小规模要求居住区公园不应小于 10000m², 服务半径为 800 ～ 1000m ；小区公园不应小于 4000 m²，服务半径为 400 ～ 500 m² ；组团绿地一般为 800 ～ 1200 m²，服务半径为 100m ；块状、带状的公共绿地，如街头绿地、儿童游戏场及设于组团间的绿地等不应小于 400 m², 且用地宽度不能小于 8m, 否则难以设置儿童活动设施和满足基本功能要求。

(2) 公建和公用设施专用绿地。这类绿地主要指居住区内的托幼、学校、医院、门诊等专用区域的绿化。

(3) 宅旁和庭院绿地。这类绿地主要指住宅邻接周边的绿地，宅旁绿地的植物选择在体量上、数量上和布局上要与绿地的尺度、建筑间距和层数相适应。树木不宜布置得过于密集以及太靠近住宅。位于建筑南面的采光窗与植物应保持足够远的距离，使底层住户能够得到充足的采光、日照和通风。宅旁绿化还可以通过垂直绿化有效降低墙体和室内温度，例如在西墙外侧种植较大的乔灌木以遮挡太阳的直射、用地锦、凌霄等攀爬植物垂直绿化建筑的东西墙等。

(4) 街道绿地。街道绿地主要指居住区内各种道路的行道树、绿篱等绿地区域。街道绿地具有占地少、遮阴效果好、管理方便、美化街景的作用。行道树带宽 (表 6-4) 一般不应小于 1.5m，在旧区人行道较窄而人流量又较大时，可采用树池的方式，树池的最小尺寸为1.2m×1.2m。行道树种植株距(表6-5)也应当按照规范进行设计。在道路交叉口的视距三角形内，不应栽植高大的乔木或灌木，以免妨碍驾驶员的视线。

表6-4　行道树种植带宽度

种植带	宽度/m	种植带	宽度/m
低灌丛	0.8	单行乔木	1.25～2.0
中灌丛	1.0	双行乔木	2.0～5.0
高灌丛	1.2	草皮与花丛	1.0～1.5

表6-5　行道树乔木与灌木种植株距

树木种类		种植株距/m			
		游步道行列树	植篱	行距	观赏防护林带
乔木	阳性树种	4～8			3～6
	阴性树种	4～8	1～2		2～5
	树丛	0.5以上		0.5以上	0.5以上
灌木	高大灌木		0.5～1.0	0.5～0.7	0.5～1.5
	中高灌木		0.4～0.6	0.4～0.6	0.5～1.0
	矮小灌木		0.25～0.35	0.25～0.3	0.5～1.0

2) 配置原则

居住区绿化所采用的植物种类以及配置方式对绿化的基本功能和美化作用起到了促进的作用，在选择和配置植物时，应考虑以下几点原则。

(1) 居住区绿化应具有系统性，并符合生物发展的多样性，通过植物造景的方法，结合地形、建筑、水体、空气、阳光等要素，形成居住区空间变化和具有个性的植物景观特征(图6.41)。

图6.41　居住区植物造景

(2) 对于大量而普遍的绿化，应选择宜生长、宜管理、少虫害并具有地方特色的优良树种。重点绿化地段可选择观赏性较强的乔灌木和花卉。

(3) 应考虑到绿化基本功能的需要，例如行道树选择遮阳能力强的常绿乔木(比如榕树、广玉兰、桂树等)或落叶乔木(法国梧桐等)等,儿童游戏场地和青年、老年活动场地忌用有毒或者带刺的植物(如枸骨冬青、丝兰、仙人掌等),运动场地应避免采用大量扬花、落果、落花的树木等。

(4) 在新建居住区应采用速生植物和慢生植物相结合的配置方式,以尽快形成居住区的绿化面貌。

(5) 居住区绿化植物配置应考虑不同季节的色彩变化,可采用常绿与落叶、不同树姿和色彩进行搭配组合,形成不同季节不同景观的映象。

(6) 居住区绿化种植还要考虑到与建筑物、构筑物、管线之间的距离(表 6-6、表 6-7),以保证植物的正常生长,同时不破坏建筑物和管线的地下结构。

表6-6　居住区种植树木与建筑物、构筑物的水平间距

名称	最小间距/m	
	至乔木中心	至灌木中心
有窗建筑物外墙	3.0	1.5
无窗建筑物外墙	2.0	1.5
道路侧面外缘、挡土墙角、陡坡	1.0	0.5
人行道边	0.75	0.5
高2m以下的围墙	1.0	0.75
天桥、线桥的柱基架线塔、电线杆的中心	2.0	不限
体育用场地	3.0	3.0
排水用明沟边缘	1.0	0.5
一般铁路中心线	8.0	4.0
邮筒、路牌、车站标志	1.2	1.2
警亭	3.0	2.0

表6-7　居住区种植树木与地下工程管道的水平间距

名称	至中心最小净距/m		名称	至中心最小净距/m	
	乔木	灌木		乔木	灌木
给水管、闸井	1.5	不限	路灯电杆	2.0	
污水管、雨水管、探井	1.0	不限	消防龙头	1.2	1.2
电力电缆、探井	1.5		煤气管、探井	1.5	1.5
热力管	2.0	1.0	天然瓦斯管	1.2	1.0
弱电电缆沟、电力、电讯杆	2.0		排水盲沟	1.0	1.2

4．水景

根据居住区中水景的不同使用功能与规模,可以将其分为自然水景、庭院水景、泳池水景、装饰水景等几种类型。

1) 分类

(1) 人工水景。居住区内的水景多以人工水景为主,或与自然水景良好地结合,并在掌握水景的整体性和统一性的基础上,根据庭院空间大小和类型的不同,采取多种手法进行设计，形成跌水、涉水池等不同的水景。涉水池可以根据需要选择鱼类或水生植物相结合的方式。水池的高度一般控制在 0.3 ～ 1.0m 左右，池边的平面与水面应有一定距离的高差。若为水面下涉水深度一般不超过 0.3m，并在池底进行防滑处理，若为水面上涉水，应设置安全可靠的踏步平台或汀石，面积一般不小于 0.4 × 0.4m，并进行连续性布置，满足连续行进的要求 (图 6.42)。

图6.42　涉水池

(2) 泳池水景 (图 6.43)。泳池水景也是居住区重要的水景景观，它不仅能够为居民提供锻炼身体和游乐的场所，也是邻里之间交往的重要场所。泳池根据功能需要可分为儿童泳池和成人泳池，儿童泳池深度为 0.6 ～ 0.9m，成人泳池为 1.2 ～ 2.0m。儿童泳池可以与成人泳池统一设计，儿童水池中的水经阶梯式或斜坡式跌水流入成人泳池，能够在保证安全的基础上丰富泳池的造型。泳池在设计时应突出人的参与性特点，并通过泳池的平面造型，泳池底部铺装图案、岸边材料质感等设计来突出泳池水面的观赏价值。

图6.43　泳池水景

(3) 装饰水景(图 6.44)。装饰水景往往能够成为居住区环境景观的视觉中心。它主要通过人工对水流的控制(例如排列、疏密、粗细、高低、大小、时间差等)来产生艺术效果，同时借助音乐和灯光的辅助，使水景产生活力美和动感美，以创造出较强的视觉冲击力。装饰水景还多与景观小品和雕塑进行结合设计，形成有趣的水景景观。

图6.44　居住区装饰水景

2) 设计要求

(1) 适宜性。进行居住区中水景设计时应充分利用自然环境，保护和利用好现有的地形、地貌、水体、绿化等自然生态条件，根据不同的功能要求和空间布局，合理规划水体的走势、大小，并能够协调好水景与整个环境的关系，满足功能和美观的双重要求。

(2) 亲水性(图 6.45)。居住区水景设计最重要的衡量标准就是它的亲水程度。通过合理地设计水体的深浅、丰富的水景形式、驳岸的高度和质感等，可以让水景同时具备观赏性、游乐性和参与性，使人们可以在岸边、桥上等享受亲水的乐趣。

图6.45　水景的亲水性

(3) 艺术性。通过对水景的种类进行选择和搭配，并结合声、光、建筑、自然环境等元素，在居住区环境景观中营造出优美的水景景观效果，并通过水景的造型、色彩、质感等变化形成较高的水景艺术品质，以提高居民的艺术和文化修养。

5. 景观设施与小品

居住区的景观设施与小品是室外环境规划的主要内容。它除了能够满足居民对室外活动的多种需求外，还对居住区的环境起到美化的作用。

1) 分类

居住区景观设施与小品内容丰富、种类繁多、题材广泛，一般可以分为以下几类。

(1) 建筑小品。它包括休息亭、廊、书报亭、钟塔、售货亭、出入口等。休息亭(图6.46)、廊常与公共绿地结合布置，用以遮阳、休息、娱乐；书报亭、售货亭等可以设置在公共绿地、人行休息广场或道路交叉路口边上；出入口一般是居住区的主要出入口，可以结合围墙形成各种造型的门洞，并用雕塑、喷水池、花台等进行修饰和突出其特殊的景观印象。

图6.46 休息亭

(2) 装饰小品。它包括雕塑(图6.47)、水池、喷水池、壁画、花坛、花盆等。

图6.47 雕塑

(3) 公共设施小品 (图 6.48)。它主要包括路名牌、垃圾箱、路障、饮水台、标志牌、广告牌、门牌楼号、邮筒、公共厕所、电话亭、自行车棚、公交车站、灯柱、灯具等。公共设施小品的设置既要能够方便居民的使用，又要按照设计规范进行布置。

图6.48　居住区公共设施小品

(4) 游憩设施小品 (图 6.49)。它包括戏水池、游戏器械、沙坑、座椅、桌子等。游憩设施小品主要结合公共绿地、人行步道、广场等进行布置。桌、椅、凳一般结合休息活动场地布置，也可布置在林荫步道或人行休息广场内，同时结合花台、雕塑等进行设计，形成具有活力和趣味性的小景观。

图6.49　居住区游憩设施

(5) 工程设施小品。它包括护坡和斜坡、台阶、挡土墙、道路缘石、雨水口等。工程设施小品首先要符合工程技术方面的要求，同时能够巧妙地利用和结合自然地形进行适当的艺术处理，能够给小区景观增添特色。

(6) 铺地。它主要包括车行道、步行道、停车场(图 6.50)、休息广场等。优美的道路和广场的铺装材料和铺砌方式具有较强的观赏价值，根据不同的功能要求与环境的整体艺术效果而选择不同的铺地材料、色彩和铺砌方式，能够满足铺地景观的各方面要求。

图6.50 停车场铺地

2) 设计要求

(1) 整体性——即要符合居住区环境设计的整体要求以及总体设计构思。

(2) 实用性——满足基本的功能和使用要求。

(3) 艺术性——即要能够达到美观和美化环境的要求。

(4) 趣味性——要有生活情趣，尤其是儿童游戏场地的游乐设备和器械，应该能够满足童趣的心理要求。

(5) 地域性——景观设施与小品的造型、色彩、图案、质感等要富有地域特色和民族传统。

(6) 大量性——能够适应大量生产的要求。

6.3.5 设计步骤

在对居住区环境现状进行详细的调查和了解的基础上，根据要求制定相应的设计步骤，居住区景观设计一般包括以下几个设计步骤。

(1) 选择、确定用地位置和范围。

(2) 确定居住区规模，即确定人口数量和用地的大小。

(3) 确定居住建筑类型、层数比例、数量、布置方式等。

(4) 拟定公共服务设施的内容、规模、数量、分布和布置方式。

(5) 拟定各级道路的宽度、断面形式、布置方式等。

(6) 拟定公共绿地、体育、休息等室外场地的数量、分布和布置方式。

(7) 拟定有关的工程规划设计方案。

(8) 拟定各项技术经济指标和造价估算。

6.4 滨水区域景观设计

滨水区域景观设计是整个景观规划设计中较复杂的一类。滨水区域景观设计涉及的内容繁多复杂，不仅有陆地上的，还有水里的，更有水陆交接地带的，对景观设计的核心场地规划和景观生态具有较高的要求(图6.51)。

图6.51 烟台滨海景观规划设计方案

6.4.1 类型

滨水空间主要分为7种类型，通过设计，要求能够满足用户亲水、戏水、观水、听水的综合需求。

1. 水体边缘与水面呈垂直状态出现(图6.52)

水体边缘可以是自然岩石、山体或垂直建筑物。比如威尼斯运河上排列着密布的宫殿和民宅，苏州、绍兴等地的沿河建筑也是以这种方式形成了彼此连接的水边街景。

图6.52 水边民居

2. 曲折的港湾(图6.53)

这种类型主要为渔村渔港。为了遮蔽沿岸强劲的风，可以沿着狭窄的小巷和通道连接湖、海。

图6.53 曲折的港湾

3. 码头和港口(图6.54)

这种类型主要是沿水体岸线构建而成的硬质铺地的码头和港口。

图6.54 客运码头

4. 湾

湾是由水体边缘围合而成的平面形态。例如海湾、河湾等具有水面开阔、视野较好等特点，湾常与其他公共开放空间相结合，也可以利用建筑物围合成湾口。

5. 亲水平台

这种类型主要是通过和岸线成直角的平台延伸入水体中的，使人们能够与水体有较近的接触，加强了陆地和水体的连接关系。

6.4.2 设计要求

在滨水区域景观设计中“水”的处理是设计的核心(图6.55)。滨水空间设计的一个重要特征就在于它是复杂的综合体，涉及多个研究领域，如河流、运河和城市岸线，在环境保护方面具有至关重要的作用。滨水区域的水道，尤其是河流边缘的湿地，形成城市区域中独具价值的生态系统。因此，滨水区域景观设计涉及到航运、河道治理、植被及动物栖息地保护、水质、能源等多方面内容。在滨水区域景观设计中，不仅要满足人类物质、生理、心理等方面的需要，还要以生态学的观念维护自然生态的平衡。

图6.55　滨水区域设计以“水”为核心

1．保护与开发相平衡

滨水区域景观设计需要坚持保护自然水体的生态环境并对其进行适当开发的要求，尤其是在人们的亲水活动中，例如游泳、划船、游艇和钓鱼等造成的与生态环境相矛盾的倾向。因此在设计时需要做好环境综述，其中包括环境效果的评估，这是在这些矛盾中寻求平衡的有效工具。同时，还应当坚持保护生态优先、适度开发原则，利用开发的经济利益，结合教育、引导，促进生态环境的保护。

2．安全与功能相结合

滨水空间设计要考虑水系统的安全性，建立以涵养水源、蓄水、防洪、净化的完整体系，实现从滨水环境到整个城镇的自然和人工水网系统，能够应对突发的洪水、暴雨、海啸、干旱等情况。同时，亲水行为和将水体引入城市的功能需要因地制宜，具有特色，同样是宽阔的滨海、滨湖景观大道、咖啡酒吧、休闲广场、漫步道等休闲空间和设施应有所不同，应突出自己的个性。在安全的基础上，建立两者之间相互联系的合适的系统，以便控制规模和数量。

3．突出地域文化特色

水系统是城市个性和精神的代表，是塑造和承载城市景观特色和文化内涵的重要元素。例如江南水乡的居民生活在自然的河道边，河道既是生活来源，也是生活的场所，因此形成了水边听社戏、水边做买卖、水边休憩等特色。这里没有开阔的码头，没有成片的绿树和草坪，但它却体现了更深层次的地域文化、民俗风情和精神寄托。

6.4.3　设计要点

在把握好滨水区域基本设计要求的基础上，开始对滨水区域的空间景观进行营造，具体包括以下内容。

1. 基本要求

(1) 对水体的处理手法(湿地、堤岸、河流、滩涂等)。

(2) 滨水区域环境的功能空间的互动。

(3) 滨水的线性空间与其他形态的空间之间的转换。

(4) 亲水行为的设计。

2. 图解分析要点

(1) 行为的分析。

(2) 构筑形态语言与环境功能空间的一致性处理。

(3) 场地的维护手段。

(4) 滨水路面的处理手法。

(5) 空间界面庇护感的营造。

6.5 主题公园景观设计

城市公园是指向公众开放的,经过专业的规划设计,具有一定的活动设施和园艺布局,以供市民休憩、游览等的开放性空间。

随着人们对于城市绿地发展的需求变化,城市公园出现了许多的类型(表6-8),除了综合性的公园以外,还产生了多种类型的主题公园,包括儿童公园、动物园、植物园、主题公园、游乐场、纪念性公园等。

表6-8 城市公园的类型

类型	组成
综合性公园	1. 全市性综合公园 2. 区域性综合公园
社区公园	1. 居住区公园 2. 小区游园
主题公园	1. 儿童公园 2. 动物园 3. 植物园 4. 游乐场 5. 风景名胜公园 6. 纪念性公园
带状公园	
街头绿地	

6.5.1 儿童公园

儿童公园(图6.56)是专为儿童设置的,为儿童提供较完善的进行娱乐、科普教育、体育活动等的主题公园。儿童公园对于儿童增强体质、提高智商、完善性格、增长课外知识具有重要的意义。

图6.56　重庆儿童公园

1．分类

根据儿童公园设置内容的不同，可以将其分为综合性儿童公园和特色性儿童公园两种。综合性儿童公园是能够满足不同年龄段儿童多种活动要求，并且配套设施齐全的全面性的儿童公园。其中一般包括各种游戏器械、游戏场、球场、戏水池、科技馆、露天剧场等。特色性儿童公园主要是指内部的各种活动都围绕一个主题设置，并形成较完善的系统。例如儿童交通公园是围绕城市交通这个主题进行设计的，其中包含各种城市交通设施，比如红绿灯、斑马线、铁轨等，通过这些活动让儿童了解交通规则，并掌握一些交通规则，以培养其良好的交通习惯。

2．设计原则

(1) 按照不同年龄段的儿童使用比例划分用地和合理进行功能分区 (图 6.57)。

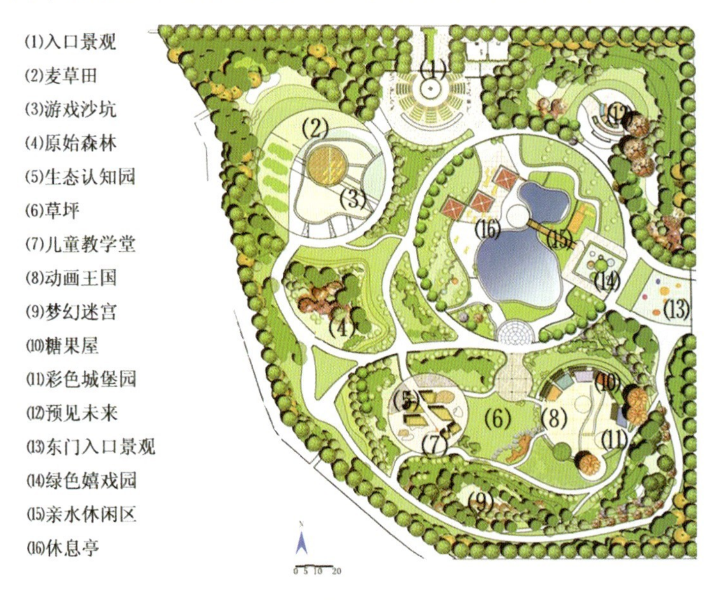

图6.57　儿童公园功能分区

① 幼儿活动区。幼儿活动区是学龄前儿童使用的区域，一般宜设置在主要出入口大门附近，便于幼儿的寻找及童车的推行。

② 学龄儿童活动区。

③ 体育活动区。体育活动区是可以集中进行体育运动的场地，各类球场一般宜集中

布置，方便管理。

④ 娱乐和少年科学活动区。这个区域是青少年进行娱乐和科普知识宣传的区域。

(2) 活动区域的用地应有良好的日照和通风条件。

(3) 道路设计宜简单明了，便于儿童识别方向和位置，以顺利地到达各活动区域。路面铺装宜平整并进行防滑处理。

(4) 应有充分的绿化，绿化用地面积宜在 50% 左右，绿化覆盖率宜在 70% 以上。

(5) 园内建筑、设施以及小品的造型、色彩等应符合儿童的心理需求，以激发童趣。

3．元素设计

儿童公园的主要元素包括活动设施、景观设施、植物等，其他还包括建筑以及供成人使用的服务设施等。这里主要详述设施和植物设计的部分。

1) 活动设施和景观设施

(1) 幼儿活动区的主要活动设施包括沙坑、草地、硬质地面、遮阳建筑或设施、学步栏杆、滑梯、秋千等游乐设施。

(2) 学龄儿童活动区域的主要活动设施包括集中活动场地、障碍活动场地、冒险活动设施、戏水池、表演舞台、游艺室等。

(3) 体育活动区域主要包括各类球场、单杠、双杠、乒乓球台等。

(4) 娱乐和少年科学活动区域主要活动设施包括露天表演场地、小植物园、小动物园、科技馆、阅览室等。

此外，还应包括各类辅助的服务设施，如休息廊亭、小卖部、公共厕所、垃圾箱等。

2) 植物配置

儿童公园周边用浓密的乔木或灌木种植，能够防止儿童公园的噪声对外界环境产生影响。同时在保证充分的日照基础上，适当选择植物进行配置，能够为儿童创造一个良好的绿化环境，并为儿童提供良好的探索自然的场地。在进行植物配置时，要考虑儿童的安全和行为特点。

(1) 避免有毒植物，以保证儿童的健康和生命安全。有毒植物例如凌霄、夹竹桃等不宜使用。

(2) 避免有刺或刺尖类植物，这类植物容易刺伤儿童皮肤或刮破衣物。带刺植物例如枸骨、刺槐、蔷薇、仙人掌等不宜使用。

(3) 避免具有刺激性或臭味的植物，这类植物容易引发儿童过敏。

(4) 避免病虫害多或宜落浆果的植物。

6.5.2 动物园

动物园是集中饲养多种野生动物以及少数优良的家禽家畜，供市民参观、游憩的主题公园 (图 6.58)。动物园既能够对市民进行科普教育提供场所，又是进行科研的重要场所，为动物的驯化繁殖、病理治疗以及保护濒临灭绝的动物提供较好的研究场地。

图6.58 上海动物园

1. 分类

1) 按规模大小分类。

(1) 全国性综合动物园。全国性综合动物园是规模较大的动物园，一般展出 700 左右个品种，用地面积宜在 60hm² 以上。

(2) 地区综合性动物园。一般展出 400 左右个品种，用地面积宜为 15 ～ 60hm²。

(3) 省会动物园。一般展出 200 左右个品种，用地面积宜为 15 ～ 40hm²。

2) 按展出方式分类

(1) 一般城市动物园 (图 6.59)。这类动物园主要用结合自然的动物笼舍或用建筑形式的动物馆等方式进行展出，使人与动物之间保持一定的隔离距离。

图6.59 北京动物园平面图

(2) 野生动物园 (图 6.60)。这类动物园中的动物可以在相对独立的区域内自由活动，游客参观路线穿过这些区域，使人与动物之间有更亲密的接触和交流。

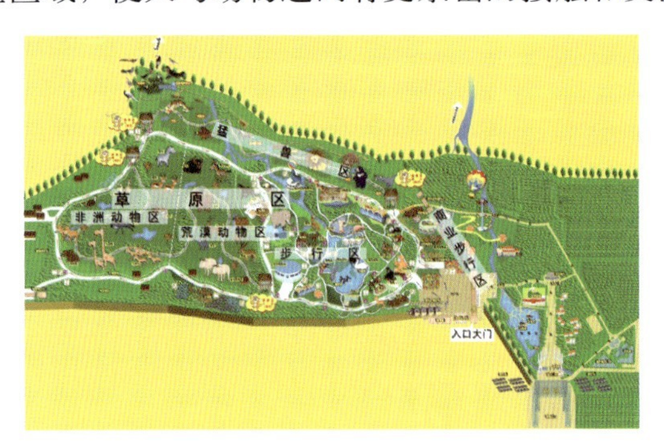

图6.60 秦岭野生动物园平面图

2. 设计原则

(1) 宜选择地形形式较丰富 (山体、水体等) 以及绿化基础较好的地段设置，为各个种类的动物的生存环境提供良好的选择。用地范围应留出足够的发展用地，为将来的扩展提供可能性。

(2) 明确功能分区，将动物园的宣传教育区域、科学研究区域、动物展出区域、服务休息区域、经营管理区域 (饲料站、兽疗所、检疫站、行政办公楼等)、职工生活区域尽量划分开来，形成相互联系又互不干扰的分区形式。

(3) 清晰的游览线路，通过对园路进行分级分类，形成清晰的道路游览系统，使游人能够进行全面或重点参观，使园务管理与游客线路不交叉干扰。

(4) 选择适当的展出方式，结合动物的生活和活动习惯，营造适合动物生活的空间，并进行合理的植物配置。

(5) 采取有效的安全、防护和疏散措施，以防动物逃跑伤人，并保证游人能够尽快进行疏散。

3．元素设计

1) 道路游线组织

动物园的园路应进行分级分类，形成以主要园路、次要园路、游览便道、园务管理、接待专用等有机联系的道路系统。其中合理地安排动物展览顺序是道路游线组织的重点。动物展出顺序一般可以按照动物的进化顺序由低等到高等进行组织，即按照无脊椎动物—鱼类—两栖类—爬行类—鸟类—哺乳类的顺序进行游览路线的安排。也可以根据动物珍贵程度、地区特产动物等进行游线安排。道路游线的设计需与自然的地形地貌结合，并尽量根据地形创造出湖泊、高山、疏林等不同的生活环境和景观特点，让游人获得最佳的观赏效果。

2) 建筑物

动物园内的动物笼舍建筑设计得好坏将直接影响到动物的生活以及游人的观赏。

(1) 分类。动物笼舍一般有建筑式、网笼式、自然式和混合式几种（图 6.61）。建筑式笼舍是用建筑的形式将动物的活动范围进行界定，主要展出不能适应当地生活环境和饲养时需要特殊设备的动物。网笼式笼舍是用铁丝网或铁栅栏将动物活动范围进行围隔，一般适用于禽鸟类动物。自然式笼舍是模拟动物自然生长环境的笼舍，适用于多种哺乳类动物。混合式笼舍是将上述两种以上的形式进行不同的组合。

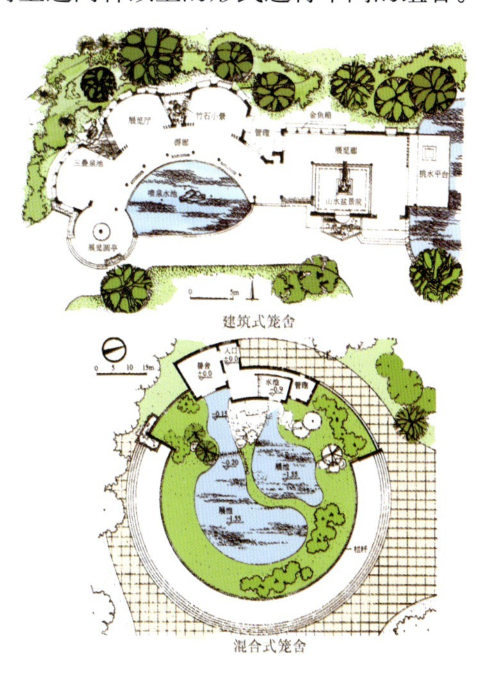

图6.61　动物笼舍分类(刘骏，《城市绿地系统规划与设计》，2004)

(2) 设计要求。动物笼舍主要由 3 部分功能空间组成，包括动物活动部分、游人参观部分以及管理与设施部分。在组织空间时都必须首先满足动物的生态习性，因为动物的生态习性是动物笼舍设计的主要决定因素。在建筑造型、色彩、尺度和材料的设计上，可以根据不同动物的不同个性特征营造不同的气氛意境。

3) 植物

动物园植物可以模拟不同动物的生态环境进行选择和栽植，例如在展览大熊猫的地段可以配置一些竹类植物，在热带地区的动物区域可以配置一些热带植物等，同时植物的配置还应与建筑的造型、色彩和材料相呼应，以形成一个完整的动物园景观效果。

6.5.3 植物园

植物园是栽培和收集大量国内外植物，以种类丰富的植物构成美好的自然景观供游人欣赏、游憩的场地，同时也是进行科普教育和进行植物物种研究的场地。

1. 分类

按照收集的植物种类可分为以下几种。

1) 综合性植物园 (图 6.62)

它主要培养和收集多种不同种类的植物，按照不同种属、不同地理环境、不同生态类型进行分区，供游人观赏。目前国内外的大部分植物园都属于这个类型。

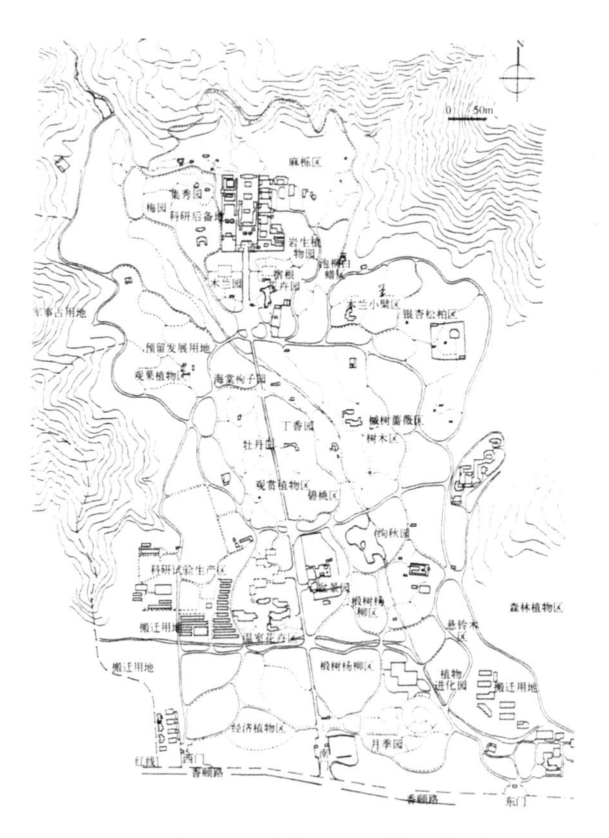

图6.62　北京植物园(石宏义，《园林设计初步》，2006)

2) 专项植物园

专项植物园是主要针对某属的植物进行栽植和收集的场地，这种植物园一般规模较小。

2．设计要求

1) 合理的功能分区

根据不同的功能要求进行合理的功能分区，使各功能区域之间相互联系又互不干扰。一般的植物园主要分为科普展览区、科普教育区、科研实验及苗圃区和服务及职工生活区几个部分。其中科普展览区是植物园的主要组成部分，用于通过活体植物及其生态生活的环境展示向游人介绍植物及植物园的相关科学知识，该区可以按照植物的生态要求分为岩石植物区、沼泽植物区、水生植物区、阴生植物区等，还可以包括专项园区和示范园区等区域。

2) 清晰的游线组织

在路线上游人能够顺利地到达各个展区，并能够近距离地观赏到各类植物。

3．元素设计

植物园的规模大小一般应根据具体情况而定，太小不利于完成植物园的任务，太大不利于植物园的管理，一般植物园面积为 65 ～ 130hm² 为宜。

1) 地形

植物园一般要求稍有起伏变化的地形，一般理想的地形为一些开阔、平坦、土层深厚的河谷或冲积平原。植物园对土壤要求较高，一般宜选择土层深厚、土质疏松肥沃、排水良好、中性、无病虫害的土壤环境。

2) 道路

植物园应有清晰的游线组织，通过对园路进行分级分类，形成合理的游览路线供游人和科研人员等专门使用。

(1) 主干道。主干道一般宽 4 ～ 7m，主要引导游人进入各个主要展览区，主干道可通车，以解决园内的交通运输问题。

(2) 次干道。次干道一般宽 2.5 ～ 3m，是各展区内的主要道路，也是各展区的分界线和联系纽带。

(3) 游览步道。游览步道一般宽 1.5 ～ 2m，是深入到各小区内部的道路。

本章小结

广场景观设计	广场按照功能要求的不同可分为纪念性广场、集散广场、休闲广场、商业广场、宗教广场等 广场景观设计时要注意把握好整体与局部、功能与艺术、围合与开放、秩序与层次的设计原则 注意将建筑物与构筑物、道路与地面铺装、植物、景观设施与小品的元素应用在广场中的设计要点

续表

<table>
<tr><td>街道景观设计</td><td colspan="2">城市街道类型主要包括标志性主要街道、商业街道、小街小巷、特殊街道等
注意物质要素、行为要素、时间和空间的变化要素对街道景观设计的影响
街道景观设计步骤主要包括明确主题、空间形态设计、景观节点设计、细部装饰设计等</td></tr>
<tr><td>居住区景观设计</td><td colspan="2">居住区的用地组成主要包括住宅用地、公共服务设施用地、道路用地和绿地4部分。
居住区规模分为组团、居住小区、居住区3类。按工程分类它可分为建筑工程和室外工程两部分
居住景观设计需要掌握好住宅与公共建筑、道路、绿地与植物配置、水景、景观设施与小品等元素的设计原理
对于居住区景观设计应掌握一般的设计步骤</td></tr>
<tr><td>滨水区域景观设计</td><td colspan="2">滨水空间主要包括水体边缘与水面呈垂直状态出现、曲折的港湾、自然的岸边、码头和港口、湾、亲水平台、河道排水系统7种类型
对滨水区域的空间景观的营造需要按照一定的要求进行设计</td></tr>
<tr><td rowspan="3">主题公园景观设计</td><td>儿童公园</td><td>儿童公园分为综合性儿童公园和特色性儿童公园两种，按照儿童不同年龄阶段的生理和心理的特点进行分区，还需注意活动设施和景观设施、植物等元素的设计原则</td></tr>
<tr><td>动物园</td><td>动物园按照展出方式可分为一般城市动物园和野生动物园，设计时应掌握好选择适合的地形、明确功能分区、提供清晰的游览线路等设计原则</td></tr>
<tr><td>植物园</td><td>植物园主要分为综合性植物园和专项植物园，设计时要注意合理分区以及各要素的设计要求</td></tr>
</table>

思 考 题

1．不同类型的广场之间有什么区别？不同类型的广场包含的主要元素有什么区别？

2．进行街道景观设计时重点要注意哪些问题？如何将众多的元素进行统一？

3．居住区、居住小区、居住组团有什么区别和联系？

4．居住区内道路的设计原则是什么？

5．如何对滨水区域空间进行营造？

6．儿童公园、动物园、植物园分别按照什么原则进行分区？需要进行特殊考虑和设计的元素有哪些？

练 习 题

1．实地调研各类广场、街道、居住区景观、滨水区域景观、儿童公园、动物园、植物园等，分析景观设计要素地形地貌、道路、建筑物与构筑物、植物、水景、景观设施与小品等的组织方式和布局特点。

2. 分阶段选择景观设计综合应用的不同主题进行课程设计。

参 考 文 献

[1] 邱健．景观设计初步[M]．北京：中国建筑工业出版社，2010．
[2] 马克辛，李科．现代园林景观设计[M]．北京：高等教育出版社，2008．
[3] 石宏义．园林设计初步[M]．北京：中国林业出版社，2006．
[4] 陈志华．外国建筑史(19世纪末叶以前)[M]．北京：中国建筑工业出版社，2004．
[5] 罗小未．外国近现代建筑史[M]．北京：中国建筑工业出版社，2004．
[6] 刘敦桢．中国古代建筑史[M]．北京：中国建筑工业出版社，1984．
[7] 罗小未．外国建筑历史图说[M]．上海：同济大学出版社，1986．
[8] 董鉴泓．中国城市建设史[M]．北京：中国建筑工业出版社，1989．
[9] 潘谷西．中国建筑史[M]．北京：中国建筑工业出版社，2004．
[10] 段汉明．城市详细规划设计[M]．北京：科学出版社，2006．
[11] 田学哲．建筑初步[M]．北京：中国建筑工业出版社，1999．
[12] 刘永福．景观设计与实训[M]．沈阳：辽宁美术出版社，2009．
[13] 胡佳．居住小区景观设计[M]．北京：机械工业出版社，2007．
[14] 刘骏，蒲蔚然．城市绿地系统规划与设计[M]．北京：中国建筑工业出版社，2004．
[15] 张维妮．园林设计初步[M]．北京：化学工业出版社，2010．
[16] 丁圆．景观设计概论[M]．北京：高等教育出版社，2008．
[17] 刘滨谊．现代景观规划设计[M]．南京：东南大学出版社，2005．
[18] 马克辛，卞宏旭．景观设计[M]．沈阳：辽宁美术出版社，2007．
[19] 陈伟．马克笔的景观世界[M]．南京：东南大学出版社，2005．
[20] 李作文，汤天鹏．中国园林树木[M]．沈阳：辽宁科学技术出版社，2008．
[21] 王晓俊．风景园林设计[M]．南京：江苏科学出版社，2009．
[22] 朱家瑾．居住区规划设计[M]．北京：中国建筑工业出版社，2007．
[23] 吴筱荣．构成艺术[M]．北京：海洋出版社，2007．
[24] 冯信群，刘晓东．设计表达——景观绘画徒手表现[M]．北京：高等教育出版社，2008．
[25] 彭一刚．建筑空间组合论[M]．北京：中国建筑工业出版社，2008．
[26] 冯柯．建筑表现技法[M]．北京：北京大学出版社，2010．
[27] 林玉莲，胡正凡．环境心理学[M]．北京：中国建筑工业出版社，2006．
[28] 韦爽真．景观场地规划设计[M]．重庆：西南师范大学出版社，2008．
[29] 詹旭军，吴珏．材料与构造(下)[M]．北京：中国建筑工业出版社，2006．
[30] 刘峰，朱宁嘉．人体工程学[M]．沈阳：辽宁美术出版社，2007．
[31] 王力强，文红． 平面•色彩构成[M]．重庆：重庆大学出版社，2010．
[32] 江滨，黄晓菲，高嵬． 二维设计基础•平面构成[M]．北京：中国建筑工业出版社，2010．
[33] 江滨，高嵬，邱景源．三维设计基础立•体立体构成[M]．北京：中国建筑工业出版社，2010．
[34] 刘汉民，黄丽丽，王惠．立体构成[M]．北京：清华大学出版社，2010．
[35] 黄文宪，贾悍．景观设计教程[M]．南宁：广西美术出版社，2009．